세상에서 가장 많은 부모들이 보는

육아

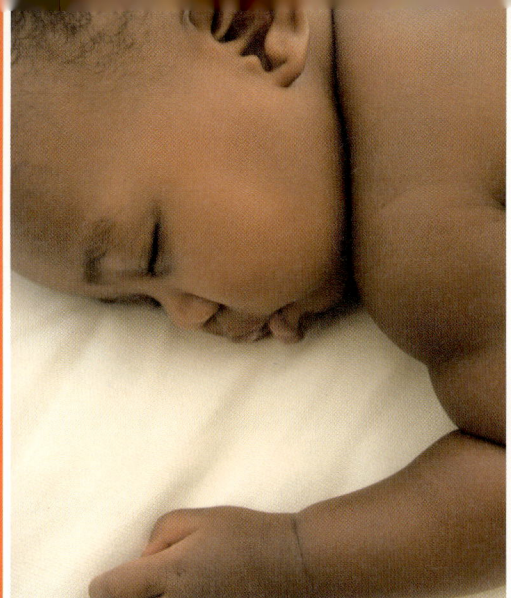

ÉLÈVE MON
ENFANT
aurence PERNOUD

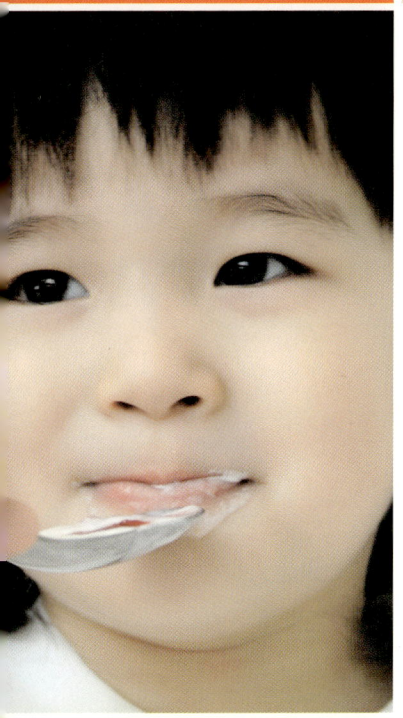

세상에서 가장 많은
부모들이 보는

육아

로랑스 페르누 지음 | 이재형 옮김

World-wide
bestseller

세상에서 가장 많이 읽힌
육아의 모든 것

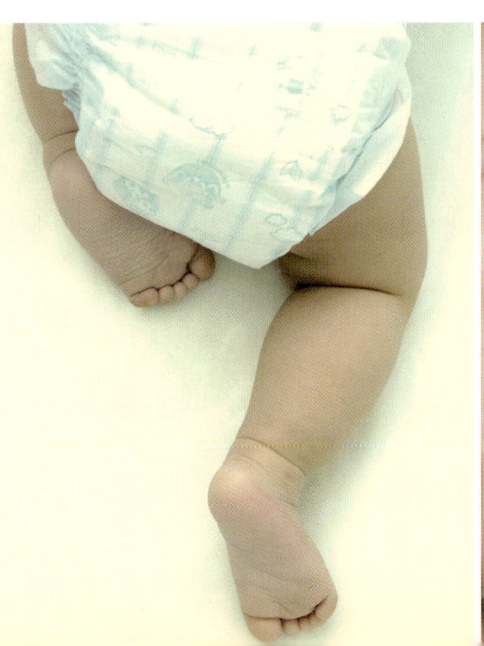

21세기북스

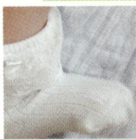

친애하는 부모님들께

우리 아기는 볼 수 있을까? 왜 울지 않는 거지? 내 말을 알아들을까? 큰 아이가 질투하지는 않을까?

아기가 태어나자마자 쏟아지는 이런 수많은 질문에 대답하려니 할 말이 많다. 처음 부모가 되면 모든 게 의문투성이다. 첫 아이인데다가, 뭐든지 잘 하고 싶고, 특히 아기가 아주 허약하다고 믿을 때는 더욱 그렇다.

이 책은 두 가지의 영역으로 나뉘어져 있다. 먼저, 교과서 같은 내용이지만 준비가 필요한 영양공급과 건강, 일상생활 등 실제적이고 구체적인 부분이다. 또 다른 부분은 태어나서 만 4년 동안의 정신운동과 감정발달 및 지성의 자각에 대한 것이다. 처음에는 아이와의 소통이 어려운데, 이는 부모가 아이의 반응을 이해하지 못하고 무슨 감정을 느끼는지 알지 못하기 때문이다. 그래서 아이의 반응과 아이 머릿속에서 무슨 일이 일어나고 있는지를 기술하려고 노력했다. 무엇보다 감정과 지성의 발달은 내게도 경이로운 주제이기 때문에 특별히 애정을 쏟아 부었다.

부모와의 분리를 준비하고 아이가 잘 견뎌내도록 하기 위해서는 분리가 아이의 감정발달과 일상생활에서 무엇을 의미하는지 이해해야 한다. 아이의 행동과 말, 감수성 앞에서 부모가 반응을 보이려면 정신운동과 감정적 발달을 알아야 한다.

또 만 2~3세 아이가 매번 '싫어'라고 말

한다면, 어느 부모가 좋아하겠는가? 그러나 이 '싫어'가 개성을 분명하게 내보이는 새로운 수단이라는 사실을 알게 되면 그것이 도발이 아니라 발달이라는 것을 받아들일 수 있다.

부모는 아이의 모든 행동을 이해해서 그에 맞는 적절한 반응을 해야 한다. 아이가 부모를 모방한다는 것은 자신을 부모와 동일시하려고 애쓰는 것이며, 또한 이런 식으로 주변에서 일어나는 모든 일들을 자신의 이해력이 미치는 범위 안에 놓으려고 한다. 그렇게 아이가 성장해나간다는 것을 부모는 이해해야 한다.

이제 부모들은 이 책에서 말한 사실들을 아이에게서 직접 보게 될 것이다. 아이의 모습을 하루하루 발견해나가는 것은 감동적인 일이다.

부모로서 독특한 모험을 하게 될 지금, 한 가지 제안을 하고 싶다. 바로 육아를 즐기라는 것이다. 육아를 즐긴다는 것, 그게 처음에는 쉬운 일이 아니다. 아이의 모든 동작은 낯설고, 아이가 울면 불안해진다. 또한 아이에게 귀를 기울이고, 아이에게 노래를 불러줄 시간이 영원히 안 생길 것 같은 기분도 든다. 하지만 금방

습관이 붙고, 생각했던 것보다 훨씬 빨리 적응하게 된다. 그래도 아이와 함께 있기 위해서는 해야 할 것이 많아도 미뤄둔 채 아이를 위해 먼저 시간을 할애해야 한다. 이 시간이 아무 의미 없다고 느낄 수 있겠지만 아이와 시간을 함께 하는 것은 정말 중요하다. 아이와 함께 있으면서 아이에 대해 조금씩 알아 가면 아이도 행복하고 그런 아이를 보는 어른들도 행복해진다.

아이는 상상했던 것보다 훨씬 빠르게 성장한다. 어린 시절이 지나가게 내버려 두지 말고 이 소중한 시간을 최대한 즐기길 바란다.

－로랑스 페르누

J'ÉLÈVE
MON ENFANT
Laurence PERNOUD

내 삶에 찾아온
아이와의 만남

아이가 삶 속으로 들어오면 갑자기 모든 게 확 달라진다. 갓난아이는 낮도, 밤도, 부부생활도 순식간에 변화시킨다. 그럴수록 아기가 무얼 표현하는 건지, 무얼 느끼는 건지 알고 싶어진다. 아기의 욕구에 잘 응하기 위해서 아기에 대해 먼저 알고 나서, 아기를 씻기고, 옷을 갈아입히고, 기저귀를 갈아주고, 아기의 공간을 꾸며주는 등 아기가 편안하게 지낼 수 있는 환경을 어떻게 마련할지 알아본다.

아기와의 첫 만남

여러 시간에 걸친 긴장과 초초, 고통과 피로, 때로 짜증과 분노까지 겪은 출산 이후, 태어난 아기에 대한 부모의 첫 반응은 한 마디로 벅찬 감격이다. 또 그토록 오랫동안 기다려왔던 아기를 드디어 보게 된 이후에 느껴지는 안도감도 있다.

벅차오르는 감동

태어난 아기를 처음 보는 순간 울음을 터트리는 사람도 있고, 웃는 사람들도 있다. 얼굴이 창백해지는 사람도 있고, 감동과 즐거움으로 얼굴이 벌겋게 상기되는 사람도 있다.

아기가 태어나면 부모들은 바로 아기에게 무슨 문제가 없는지 확인하려 한다. 의사가 확인을 해주었는데도 계속해서 살펴보는 부모들도 있다. 그게 딸인지 아들인지를 묻는 것보다 먼저일 때도 있는데 아마 대부분 아기의 성별은 미리 알고 있기 때문일 것이다.

부모들이 놀라는 경우도 자주 있다. 태어난 아기가 상상했던 것과는 전혀 다른 모습을 하고 있기 때문이다. 특히 엄마는 품에 안겨있는 아기가 아홉 달 동안 배 속에 들어있던 바로 그 아기인지를 처음에는 제대로 실감하지 못한다.

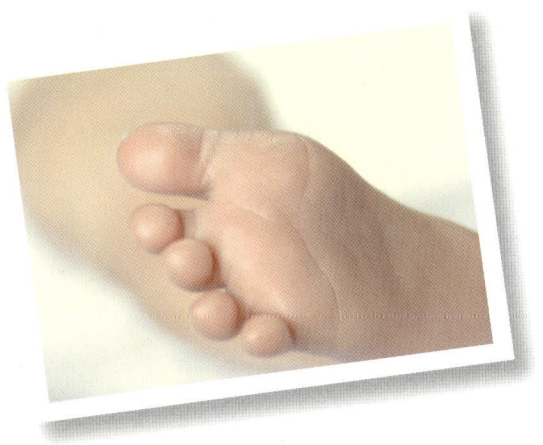

허전함과 책임감

최초의 감격스러운 순간이 지나가면 엄마는 또 다른 놀라움을 느낀다. 몇 달 전부터 아기가 자기 몸 밖으로 나오기를 기다리고 있었는데 막상 아기가 자신으로부터 떠나고 나니 왠지 모를 허망함이 느껴지는 것이다. '배 안이 비어서 이상했다'고 말하는 산모들이 생각보다 많다. 그러나 이런 공허한 감정은 곧 사라지고 충만함이나 성취감이 느껴진다. 내 아기가 태어났으며 나는 이 아이의 엄마라는 사실에 안도감이 느껴지는 것이다.

아기가 몸에서 빠져나가고 난 후 당혹스러운 기분을 느끼는 엄마들도 있다. 낯선 느낌은 점점 더 커지고, 아기를 보는 순간 모성애가 느껴질 것이라고 생각했는데 막상 봐도 그렇지가 않아서다. 불안감에 휩싸이고, 문득 책임감이 무겁게 느껴진다.

"이 아이는 나를 필요로 하는데 내가 과연 이 아이를 책임질 수 있을까?"

첫 아이라서 경험이 부족하기 때문에 불안감이 한층 더 강하게 느껴질 수도 있고, 출산의 피로 때문에 한층 더 크게 느껴질 수도 있다. 놀랍고 흥분된 감정은 각기 다른 감정으로 따로 겪을 수도 있고 뒤섞일 수도 있다.

하지만 어찌 되었든 아기를 품에 안는 순간에는 그런 감정이 씻은 듯 사라져버리고 만다. 아기를 만져보고 쓰다듬어보고 젖을 물리면서 엄마는 아기와 다시 육체적으로 접촉하고, 그와 더불어 마음의 평화를 얻는다. 물론 모성애라는 것은 어느 날 갑자기 솟아나는 것이 아니다. 모성애는 아기와 시간을 함께하며 자라나는 것이다.

아빠의 마음

아빠들 역시 출산 후에 여러 가지 감정을 느낀다. 너무나 당황한 나머지 아무 말도 못하는 아빠들도 있다. 조금 더 다정하게는 벌써 아기에게 뭐라고 말을 거는 사람도 있다. 어떤 아빠들은 자신을 사로잡는 흥분을 억제하기 위해 거리를 유지하려 하기도 하고 괜히 엉뚱한 말을 해버리기도 한다.

남자가 한 아이의 아빠가 되었을 때, 특히 첫 아이의 아빠가 되었을 때 가장 중요한 순간은 아기를 처음 팔에 안는 순간

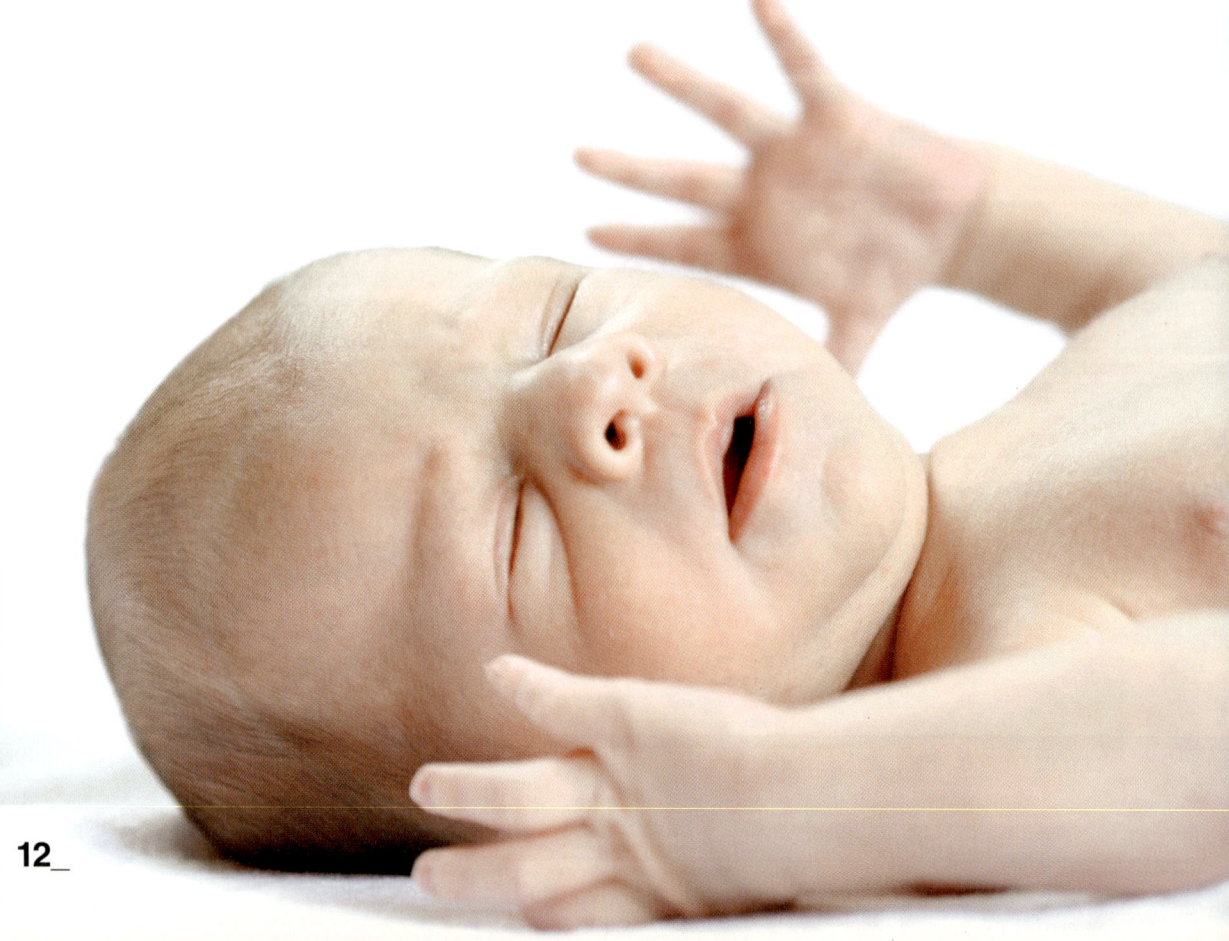

이다. 여성은 9개월에 달하는 임신 기간을 보냈고 출산을 하면서 이미 엄마가 된 상태지만 아빠의 경우는 전혀 다르다. 부성애라는 것은 아기를 품에 안는 순간 충격처럼 다가온다.

아빠가 하는 또 하나의 중요한 행위는 아이의 출생신고이다. 이것은 형식적인 절차에 불과해 보이지만, 실제로는 상당히 중요하며 한 남자의 삶에서 중요한 의미를 가진다.

관심과 애정이 필요한 아기

그런데 아기는 어떨까? 처음으로 자기를 바라보는 눈길들에 어떻게 반응할까? 아기가 이제 막 도착한 세상에서 깨어나기 위해서는 주변의 관심과 따뜻한 애정이 필요하다. 아기는 태어나자마자 바로 주변의 자극에 반응하며 목소리와 행동을 지각하고 자기를 둘러싼 사람들이 자기를 보호해준다는 사실을 느낀다. 이런 반응이 빨리 이루어지는 것은 무척 중요하다. 아기는 자기를 안고 있는 사람에게 조금씩 관심을 가지며, 그러다보면 서로에게 진짜 관계가 이루어지는 것이다. 신생아의 이런 관찰은 오래 전부터 사람들이 믿어왔던 것과 같다. 즉 신생아는 사랑받으려는 욕구를 가지고 이 세상에 태어난다는 것이다. 무엇보다 필요한 것은 애정이며, 먹는 건 그 다음이다.

아기와 함께 집으로

이제나 저제나 안달하며 태어나기를 기다려왔던 아기가 드디어 집으로 간다. 이제 시행착오를 거치면서 아기에 대해 점차 알아갈 것이고, 아기의 성장을 지켜보게 될 것이다.

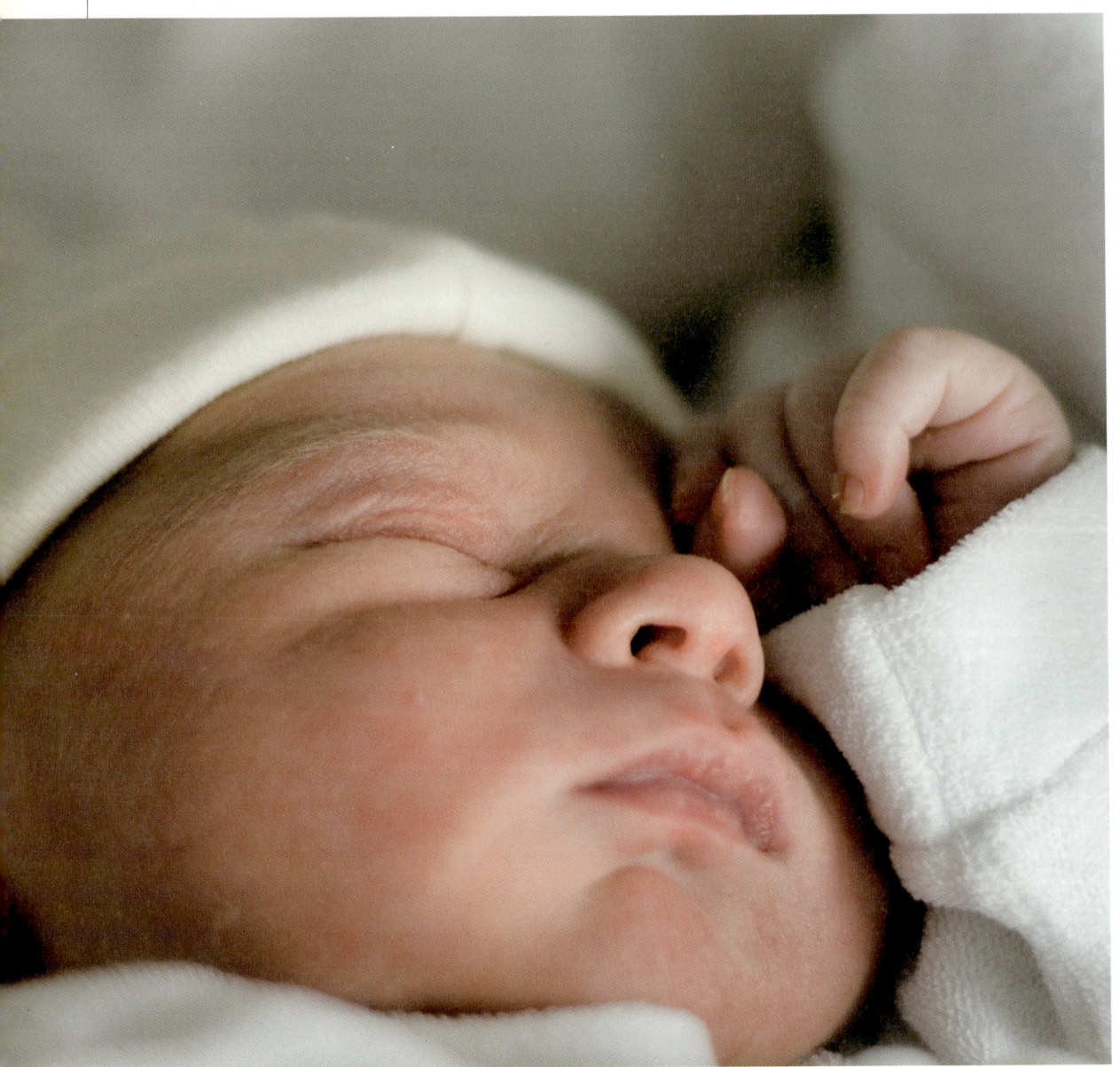

이중적인 감정

병원에서 출산을 마치고 처음 아기와 함께 집에 돌아오면 집에 다시 돌아왔다는 은밀한 즐거움을 느끼게 된다. 아기 역시 예전 습관을 되찾는다. 태어나기 전 엄마 배 속에 있을 때부터 아기도 엘리베이터를 타거나 계단을 올라갔고, 열쇠가 자물쇠 안에서 돌아가는 소리를 들었던 것이다.

어쩌면 엄마는 순간순간 불안을 느낄지도 모른다. 조언을 해주던 산부인과 의사가 이제 멀리 있기 때문이다. 안심시켜줄 수도 있을 남편이 항상 옆에 있는 것도 아니기 때문에 출산 직후에 느꼈던 의기소침한 기분을 느닷없이 다시 느낄 수도 있다.

그토록 기다렸던 이 귀가가 처음에는 좀 어려운 순간이 될 수도 있으며, 아기를 돌볼 능력이 나에게는 없는 건 아닐까 의심할 수도 있다. 그런데 그건 정상이다. 모든 엄마들은 첫 아이를 앞에 놓고 자기가 왠지 서투르다고 느끼면서 겁을 먹기 마련이다.

아이의 존재에 익숙해지는 것

불안할 때 가장 중요한 것은 옆에 있는 아이의 존재에 익숙해지는 것, 아이를 알아가는 것, 또 엄마가 옆에 있다고 아이가 느끼는 것이다. 목욕시키는 건 그다지 중요하지 않다고, 아이가 요구하지 않을 때는 젖도 좀 기다렸다 줄 수도 있는 것이라고 느긋하게 생각하자.

아이를 더 잘 알기 위해서는 품에 안아야 한다. 이런 접촉은 엄마와 아기 모두에게 위안이 된다. 마음이 편하고 아기도 좋아하면 목욕시키기 전후에 척추와 다리, 목뒤를 가볍게 주물러 준다. 아기도 좋아하지만 엄마도 기분이 좋아진다.

젖을 먹이고 나면 아기를 한동안 옆에 눕혀둔다. 혹시 해야 될 집안일이 있더라도 잠시 내려놓자. 아기와의 접촉과 아기와의 대화, 그리고 엄마와 아기 모두를 안심시켜주는 이 신뢰감보다 더 중요한 건 없기 때문이다.

TiP

조산아나 아픈 아이인 경우

부모와 아기 간의 이 최초의 관계에 대해 말하다보면 아기가 멀리 병원에 떨어져있는 부모들에게 유감을 줄 수도 있다는 걸 깨닫게 된다. 다행스럽게도 거의 대부분의 신생아실에서 부모들이 정기적으로 아기를 보러 갈 수 있게 되었다. 아기가 부모의 손을 느낄 수 있게 아기를 만질 수도 있고, 아기가 부모의 목소리를 들을 수 있게 아기에게 말을 할 수도 있는 것이다. 이렇게 해서 관계는 단절되지 않는다. 부모는 아이에게 우유를 먹일 수도 있고, 옷을 갈아입힐 수도 있다. 그러면 아기를 병원에 두고 집에 돌아갈 때도 한결 마음이 편하다.

상호적응의 시간

처음 몇 달 동안 대부분의 아기들은 밤중에 젖을 달라고 요구한다. 부모들은 때로는 몇 번씩이나 잠에서 깨어나야 하고, 한 주일, 두 주일이 지나면서 피로가 쌓인다. 수유와 옷 갈아입히기, 잠에서 깨어나는 시간, 외출, 산부인과 진찰 등 모든 일상생활이 아기를 중심으로 돌아간다. 부모들은 아이가 집에서 차지하는 위치에 당황해한다. 자기들만의 시간은 단 1분도 가질 수 없을 거라는 느낌을 받는 것이다.

사실 태어나기 전 엄마 배 속에 웅크리고 있을 때 아기는 먹고 싶을 때 먹었고, 몸이 조용히 흔들렸고, 자기가 원할 때 잠들기도 하고 깨어나기도 했다. 이제 아기가 자신의 욕구를 충족시킬 수 있느냐 없느냐는 아기를 둘러싸고 있는 어른들에게 전적으로 달려있다. 아기는 배가 고프고 목이 마르고 누가 안아주기를 원할 때는 그렇게 해달라고 요구한다. 그 부름에 응답하는 것은 아주 중요한 일이다. 이 너무나 어린 아기는 변덕을 부리는 것이 아니라 자기가 새로운 생활에 적응할 수 있도록 도와달라고 부탁하는 것이다. 부모들이 그 사실을 미리 알고 있으면 아기가 무엇을 요구하는 지 이해하고 더 잘 견딜 수 있다. 아기가 부모를 괴롭힌다는 느낌을 받지 않고 아기의 요구에 응하고 아기의 욕구를 충족시켜줄 수 있는 것이다.

몇 개월이 지나면 아기는 자신에게 알맞은 리듬을 발견하고, 자기 주변의 것에 관심을 갖게 될 것이며, 기다리는 법을 배우기 시작할 것이다. 동시에 부모는

아기와 더 많고 다양한 것들을 주고받는 기쁨을 누리게 된다. 아기가 커가는 것을 관찰하다보면 아기의 취향이 드러나고 개성이 점점 뚜렷해지는 것을 보며 감동하게 된다. 아기와 함께 있는 부부, 그것은 정말 다른 삶이며 새로운 삶이다.

때로는 힘든 순간들

부모와 아기의 상호인식은 대개 별 문제 없이 이루어진다. 탄생이라는 강렬한 감동은 애착이라는 심오한 감정으로 변하는데, 애착은 조금씩 형성된다. 그래서 많이 우는 아기 때문에 피곤해하고 짜증을 내는 부모도 있다. 새로 태어난 아이가 허약하다는 사실에 대해 걱정하고 불안해하며, 그런 문제에 맞설 능력이 자신에게 없다고도 느낀다. 또는 아기에게 도무지 관심이 안 가는 경우도 있을 수 있다. 이런 어려움을 소아과 의사나 육아전문가, 주치의, 심리학자 등에게 말하는 게 필요하다.

　일부 부모들은 아기가 태어나고 나서, 특히 첫 아이일 때는 몇 개월 동안 극도로 불안한 시기를 보내게 된다. 새로운 가족이 만들어지는 순간 부모들, 특히 엄마는 아주 어린 시절로까지 거슬러 올라가서 수많은 기억들을 떠올린다. 여러 가지 감정과 불안이 드러날 수 있다. 낮에 혼자 있어서 거의 도움을 받지 못하고 스트레스를 받는 엄마는 의기소침해지는 경향이 있으며, 아기의 개성에 적응하고 아기와 남편과의 관계 속에서 자신의 자리를 발견하는 데 어려움을 느낀다. 엄마는 제3자나 아기 아빠에게 임신이나 출산, 아기가 태어나고 나서 처음 며칠, 가정의 근심거리 등을 이야기해야 모두가 평온해진다. 감정을 억누르지 말고 부부가 함께, 또는 전문가와 함께 나누고 교환하다 보면 아기의 탄생으로 인한 강렬한 감정은 서서히 완화될 수 있다.

아기 목욕을 위한 준비

아기를 씻기는 시간은 단순히 아기를 돌보는 것뿐만 아니라, 부모와 아이가 정신적, 감정적인 교감을 나누는 시간이기도 하다. 필요한 것을 잘 갖춰놓고 자리를 잡으면 아기를 씻기는 동작들은 단숨에 소통의 순간이 될 수 있다.

아기를 편하게 만드는 연습

아기는 사람들이 생각하는 것만큼 그렇게 약하지는 않지만, 처음에는 주의를 기울여 잘 안아야만 편안해한다. 아기를 세워서 안든 옆으로 눕혀서 안든, 항상 아기의 머리를 잘 받쳐주어야 하고 한 손은 엉덩이 아래에 있어야 한다. 그렇게 해주면 아기는 몸도 안전하고 움직이는 것도 안전하다고 느낄 것이다.

대부분의 산부인과 병원에서는 아기 목욕을 시키기 때문에 아기를 집에 데리고 돌아오면 바로 목욕시켜도 된다. 목욕은 아기를 씻길 수 있는 가장 좋은 방법일 뿐만 아니라 몸의 긴장을 풀고, 몸을 펴서 일어나고, 기지개를 켜는 등 아기가 아직은 침대에서 쉽게 하지 못하는 동작을 취해볼 최고의 기회이기도 하다. 감염되지만 않았다면 탯줄이 아직 떨어지지 않았더라도 아기를 목욕시킬 수가 있다. 처음 하는 시도들이 서툴더라도 불안해하지 않아도 된다. 기술은 금방 좋아질 것이다.

아기를 씻기는 용품

아기를 목욕시키는 가장 좋은 방법은 아기용 욕조를 사용하는 것이다. 욕조 외에 플라스틱으로 된 대야를 사용해도 된다.

아기를 씻기기 위해서는 여러 가지 용품들이 필요하다.

아기를 씻기는데 필요한 용품들

- 향료나 착색제를 넣지 않은 젤리 형태의 비누나 덩어리 비누. 처음 몇 달 동안은 갓난아이들을 위한 용품을 쓰자.
- 엉덩이에 바르는 피부용 크림
- 수분이 함유된 아기용 항균제. 탯줄이 붙은 자리를 소독한다.
- 생리식염수
- 탈지면
- 외출해서 아기 엉덩이를 닦을 때는 아기용 물티슈가 실용적이다. 향이 없는 게 좋다. 피부가 연약한 아기에게 아기용 물티슈를 계속 쓰는 것은 좋지 않으니 집에서는 물과 비누를 사용한다.
- 아기의 피부에 화장품을 지나치게 쓰지 말고 향료나 착색제가 들어가지 않은 가장 단순한 제품을 사용한다. 가장 간단한 제품이 가장 좋은 것이다.
- 아무리 도수가 낮은 알코올이라도 아

기 피부에는 쓰지 않는 게 좋다.

- 목욕용 온도계
- 아기 목욕용 장갑 두세 개. 엉덩이를 씻길 때는 몸을 씻길 때와 다른 장갑을 사용한다.
- 아기가 욕조에서 나올 때 감싸줄 수 있을 만큼 큰 타월, 또는 타월 천으로 두건이 달리고 소매가 없는 목욕가운
- 손톱가위
- 머리빗
- 체온계. 아기가 보채거나 몸에 열이 날 때 사용한다.

욕조

목욕 시키다가 등이 아프지 않으려면 커다란 욕조에 가로로 널빤지를 놓고 아기 욕조를 그 위에 올려놓고 씻기는 게 좋다. 큰 욕조에 맞는 판자를 구입할 수도 있다. 식탁 위에 올려놓을 수 있거나 아기 기저귀 채우는 가구에 맞으며 물을 비우는 관이 달린 작은 욕조들도 있다.

아이가 커서 욕조가 너무 좁으면, 천으로 된 접는 의자나 목욕용 그네, 방석 등 아이를 큰 욕조에 앉혀 씻길 수 있는 여러 가지 제품을 쓸 수 있다. 하지만 아이의 안전 측면에서나, 목욕을 시키는 어른의 편리를 위해서나 만족스러운 제품은 없는 듯하다.

욕조 바닥에는 미끄럼 방지 매트를 깔아 둔다. 아이를 욕조 안에 혼자 두는 일은 절대 없어야 한다. 목욕 중에는 전화가 와도 절대 받으면 안 된다.

아기 목욕시키기

아기는 태어나기 전에 물이 많은 환경에서 살았다. 물은 아기를 둘러싸 보호해주었고 시끄러운 소리도 완화시켜 주었다. 태어난 후에는 목욕을 하면서 자신을 안심시켜주는 이 쾌적한 느낌을 되찾을 수 있다.

부모와 아기
모두를 위한 시간

나이에 상관없이 목욕은 짜증난 아이가 평정을 되찾도록 도와줄 수 있다. 그만큼 목욕은 아이에게 특별한 시간이다. 익숙해지기만 하면 목욕은 아기뿐만 아니라 부모에게도 특별한 순간이 될 수 있다. 급할 거 없으니 여유를 갖고 시간을 들여 천천히 움직이고, 부드럽고 애정 어린 말들을 주저하지 말고 덧붙이자. 세세한 것 하나하나를 설명하는 것이다. 이야기하면서 하는 목욕은 아이에게 즐거움을 안겨주고 안심시켜 준다.

목욕은 아이에게 좋은 시간이기도 하지만 아이 몸 상태가 좋은지 볼 수 있는 기회이기도 하다. 아기를 발가벗긴 채 목욕시키면서 몸에 무슨 붉은 반점은 없는지, 어디 부어오른 데는 없는지, 또는 비정상적인 자세를 취하지는 않는지 볼 수 있다.

언제 목욕을 시킬까?

매일 목욕을 시키다 보면 언제가 가장 좋은지 곧 알게 될 것이다. 대체로 처음 몇 주일 동안에는 목욕을 아침에 시킨다. 그러다가 나중에는 어린이집에서 돌아오거나 부모가 퇴근 후 돌아온 저녁시간이 목욕시키기 가장 편한 시간이 된다. 하루가 끝날 무렵에 아이가 많이 울었다면 목욕은 아이가 긴장을 풀도록 도와줄 것이다. 별다른 문제가 없다면 오래 시켜도 되지만 피부가 건조하면 너무 오래 시키지 않는다.

첫 번째 목욕을 위해 알아둘 점

첫날, 특히 첫 아이의 경우 틀림없이 목욕시키기가 겁이 난다. 그래도 안심하자. 모든 부모들은 똑같은 경험을 하며, 얼마 지나지 않아 아이를 목욕시키는 게 큰 즐거움이 될 것이다. 배꼽이 아직 떨어지지 않았어도 목욕을 시킬 수가 있다. 귀에 물이 약간 있더라도 불안해할 필요 없다.

처음 목욕을 할 때

- 목욕하는 데 필요한 모든 것이 손이 미치는 거리에 있도록 놓으며 정성스럽게 준비한다.

- 가능하다면 첫 목욕은 다른 사람이 있는 데서 시킨다. 깜박 잊고 준비를 안 한 타월 등을 가져다줄 수 있다.

- 욕조에 물을 조금만 붓고 물 온도를 확인한 다음 아이를 집어넣는다.

- 목욕 기술에 자신 없는 동안에는 책에 나오는 대로 한다. 아이 몸에 비누칠을 한 다음 물속에 집어넣는다. 그런 다음 아기를 꼭 붙잡고 있을 수 있게 손에 묻어있는 비누를 모두 씻어야 한다.

- 처음에는 아기를 물속에서 금방 끄집어내야 한다. 그런 다음 아이를 붙든 채 아이가 온몸을 흔들어대게 내버려두자. 무척이나 좋아할 것이다.

목욕하기 전에

목욕을 시키기 전에는 아기가 편안하다고 느낄 만큼 욕실이 충분히 따뜻한지를 확인해야 한다. 욕실 온도가 최소 22℃는 되어야 한다. 타월과 솜, 비누, 목욕용 장갑, 칫솔 등 필요한 것을 준비한다. 옷과

아기에게 옷을 입히는 데 필요한 것도 준비해야 한다. 그런 다음에 목욕물을 붓는데, 처음에는 차가운 물을, 그러고 나서 뜨거운 물을 조금씩 부어야 한다. 온도계로 물의 온도를 재보면 약 37℃로 쾌적해야 한다.

아기를 목욕시키는 법

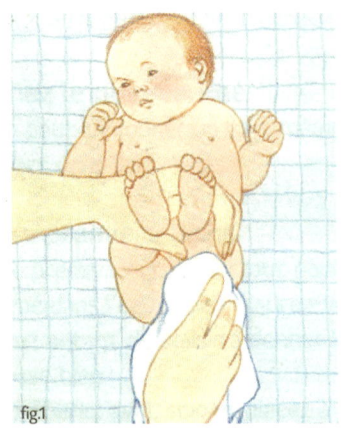
fig.1

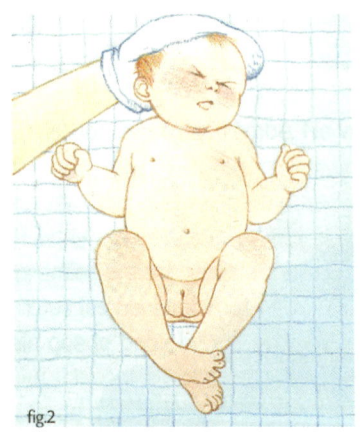
fig.2

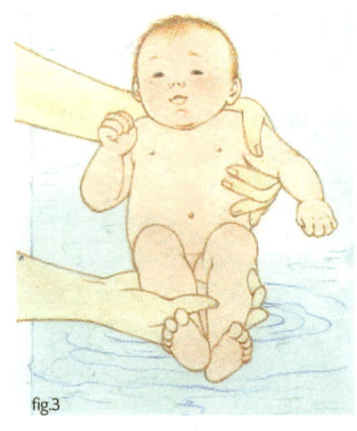
fig.3

1. 기저귀를 벗긴 다음 처음에는 기저귀 모서리로, 그 다음에는 물에 적신 솜으로 아기의 엉덩이를 닦는다. 항상 앞에서 뒤로 향한다. 아기의 엉덩이를 잘 닦고 목욕을 시켜야만 목욕물이 더러워지지 않는다. 그 다음 내의를 벗기면 아기는 이제 목욕을 할 준비가 되었다.

2. 이제 아기 몸에 비누를 칠하는데, 먼저 몸에 칠하고 그 다음 머리에 칠한다. 목욕용 장갑이 덜 미끄러우므로 처음에는 장갑을 쓰는 게 좋다. 능숙해졌다고 생각되면 손으로 비누칠을 한다. 아기에게는 엄마의 손이 더 상쾌하다. 숨골은 약하지 않으니 머리 씻기는 걸 두려워할 필요는 없다. 피부는 얇지만 그 안에는 단단한 막이 감추어져 있어서 보통의 압력은 완벽하게 견뎌낸다.

3. 아기를 물속에 집어넣기 전에 비누투성이인 손을 헹구고 팔꿈치로 물 온도를 확인한다. 팔꿈치는 피부 중 가장 민감한 부위다. 왼손은 목덜미 아래로, 오른손은 발목 아래로 넣어 아기를 들어 올린 다음 조심스럽게 물속에 집어넣는다. 그 순간에 아기의 근육이 좀 수축되면 아기에게 말을 건다. 아기들은 자세가 바뀔 때마다 자주 수축되지만 움직이면서 말을 걸면 금방 긴장을 풀 것이다.

fig.4

fig.5

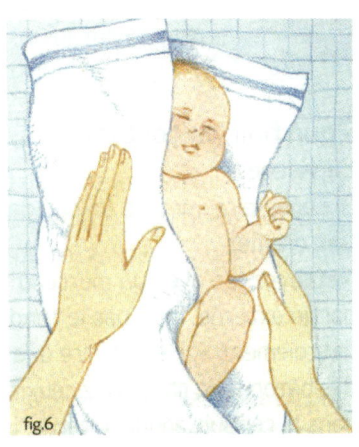

fig.6

4. 이제 왼손으로는 아기를 단단히 붙잡고 오른손으로는 아기를 씻기되 머리칼과 귀 뒤쪽을 잊지 말자. 머리 뒤쪽과 양쪽 귀를 잠시 동안 물속에 집어넣는다. 아기를 물속에 집어넣고 있는 데 익숙해지고 아기가 목욕하는 걸 좋아하면 아기가 잠시 팔다리를 움직이도록 그냥 내버려두자.

5. 며칠 뒤에 아기를 물속에 넣은 채로 붙잡고 있어도 불편하지 않게 되면 아기를 뒤집어도 된다. 아기들은 흔히 이 자세를 좋아한다.

6. 조금 전처럼 아기를 붙잡고 욕조에서 끄집어내서 타월 위에 내려놓는다. 머리칼에서부터 시작하여 아기 몸을 조심스럽게 닦은 다음 주름진 부분과 겨드랑이, 아랫배와 허벅다리 사이, 허벅다리, 무릎 등을 잘 말린다. 피부를 문지르지는 말고 가볍게 톡톡 두드린다. 그런 다음 아기가 몸이 깨끗해져 기분 좋아하면 벌거벗은 채온몸을 움직이도록 잠시 내버려둔다.

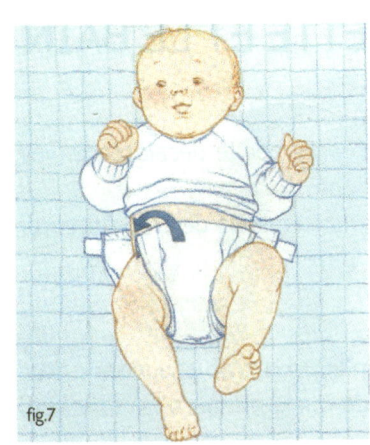

fig.7

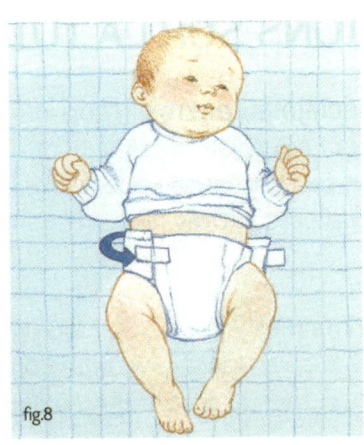

fig.8

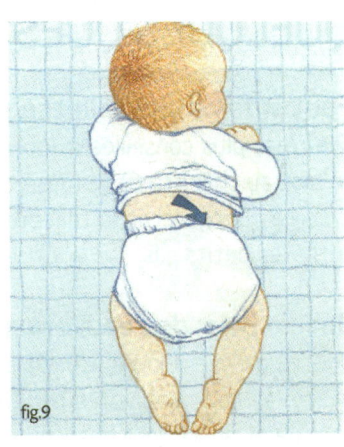

fig.9

7. 아기에게 상의를 입힌 다음 기저귀를 채운다. 간단한 일이지만 경험이 없는 부모들은 설명 듣는 걸 좋아한다. 등을 대고 누운 아기를 기저귀 뒤쪽 위에 올려놓은 다음 기저귀를 다리 사이로 끌어올린다.

8. 기저귀 양쪽을 고정시킨다. 단단하게 여미지 않으면 기저귀가 벌어진다.

9. 아기를 엎어 기저귀 윗부분을 접어넣는다. 그래야만 변이 새는 것을 막을 수 있다.

아기의 청결과 단장

아기를 깨끗하고 편안하게 보살피기 위해서는 목욕 외에도 좀 더 신경을 써야 할 부분들이 있다. 목욕시키기 힘든 부위는 따로 깨끗이 닦아야 하고, 기저귀를 차고 있어 짓무르기 쉬운 엉덩이는 자주 씻어야 한다.

옷 갈아입히기

갓난아이의 피부는 얇고 연약하며 온통 작은 주름들로 되어있기 때문에 땀이 나거나 문지르면 가벼운 염증이 생길 수도 있다. 그래서 피부는 깨끗해야 되고, 잘 말린 후 옷을 입혀야 된다. 젖을 먹고 나면 아기의 옷을 갈아입힌다. 대변이 피부에 염증을 일으키기 때문에 기저귀를 갈때 아기의 몸이 더러워졌으면 역시 옷을 갈아 입혀야 한다.

배꼽 관리

아기가 태어나면 의사나 조산사가 탯줄을 자른다. 아기 몸에 붙어있는 부분은 1주일 정도면 말라붙는다. 이 부분은 떨어지면서 작은 흉터를 남기는데, 며칠 후면 아문다. 배꼽은 하루나 이틀 동안은 축축한 상태에서 진물이 약간 배어나오지만, 길어도 1주일 뒤에는 완전히 딱딱해진다. 그때까지는 세심한 주의를 기울여야 한다. 아기가 아프지는 않으니 안심하기 바란다.

진물이 너무 오래 배어나올 때, 배꼽이나 배꼽 주변에 붉은 반점이 생길 때, 평상시에 안 나던 냄새가 날 때, 흉터가 아무는 데 오랜 시간이 걸릴 때는 의사에게 알려야 한다.

엉덩이 씻어주기

화장지로 대변을 닦은 다음 물과 비누, 장갑이나 솜으로 엉덩이와 허벅지를 앞에서 뒤로 닦아주고 헹군다. 아기용 물티슈를 써도 된다. 엉덩이에 바르는 크림은 엉덩이가 깨끗할 때 두껍게 바르면 된다.
기저귀를 자주 갈아주는 것이야말로 엉덩이가 짓무르는 것을 방지하는 가장 좋은 방법이다.

TiP

기저귀 갈 때 주의사항
기저귀 가는 곳이 높이 있을 때는 아기를 절대 그냥 놔둬서는 안 된다. 한 손을 계속 아기 몸 위에 올려놓고 있어야 한다. 단 1초라도 등을 돌리고 있으면 아무리 작은 아기라도 굴러 떨어질 수 있다.

귀 청소 시키는 법

솜을 손가락으로 둥글게 말아 귀를 닦아 준다. 외이와 바깥 부분을 닦아주되 안쪽은 건드리지 않는다. 귀의 내이도는 연약하며 저절로 깨끗해진다. 작은 털들이 귀지를 밖으로 밀어내는 것이다. 귀이개를 사용하고 싶다면 아기용을 고른다. 끝 부분이 둥글고 굵어서 내이도로는 들어가지 않는다. 귀 뒤쪽의 피부는 때때로 미세하게 갈라지기도 하는데 그럴 땐 수분크림을 약간만 발라주면 된다.

눈 주변 닦아주기

처음 며칠 동안은 눈 주변에 작고 지저분한 것이 있을 수도 있다. 생리식염수를 묻힌 솜으로 눈꺼풀을 문질러주면 되는데, 눈의 안쪽 끝에서 바깥쪽으로 문질러야 한다. 양쪽 눈에 각각 다른 솜을 사용한다.

자, 이제 아기가 깨끗해지고 예뻐졌으니 마지막으로 빗질을 한번 해주자.

아기의 청결을 위한 몇 가지 질문

남자아이의 포경수술을 해야 할까?

요즘에는 권장되지 않는다. 소아과의사들은 남자아이의 귀두 표피가 저절로 반전될 때까지 기다리라고 권장한다. 때로는 3~4세 밖에 안 되었을 때 반전되기도 한다.

아기가 물을 무서워해도 정상일까?

처음에는 아기가 놀랄 수도 있다. 물이 너무 뜨겁거나 너무 차갑지 않은지 확인해본다. 아기에게 부드럽게 말을 걸어 용기를 주자. 며칠 뒤면 익숙해져 목욕하는 걸 무척 좋아하게 될 것이다.

아기를 매일 목욕시켜야 할까?

위생을 위해서 뿐만 아니라 목욕이 주는 긴장 완화를 위해서도 그럴 만한 가치가 있다. 아이들은 물을 무척 좋아한다. 피부과의사들은 아기가 심각한 습진에 걸렸을 경우에는 이틀에 한 번씩만 목욕을 시키라고 충고한다.

언제 큰 욕조에 넣을 수 있을까?

제대로 앉아있을 수 있기 전까지는 안된다. 미끄러져서 위험한 상황에 빠지는 것을 방지하기 위해 욕조 바닥에 미끄럼방지용 매트를 깐다. 아기가 욕조 안에 자리를 잘 잡았다 할지라도 절대 아기를 단 한순간이라도 혼자 내버려두어서는 안 된다. 15cm 깊이의 물에서도 익사할수가 있으며, 뜨거운 물이 나오는 수도꼭지를 틀 수도 있다.

아기 머리를 매일 씻겨줘야 할까?

처음에는 딱지가 생기는 걸 방지하기 위해 매일 씻겨야 한다. 아기의 두피는 지방성이기도 하기 때문이다. 씻겨주는데도 딱지가 생기면 의사가 특수크림을 발라주라고 권할 것이다. 3~4개월부터는 이틀이나 사흘에 한 번씩 머리를 감아줘도 된다. 눈을 따갑게 하지 않는 아기용 특수샴푸를 사용한다.

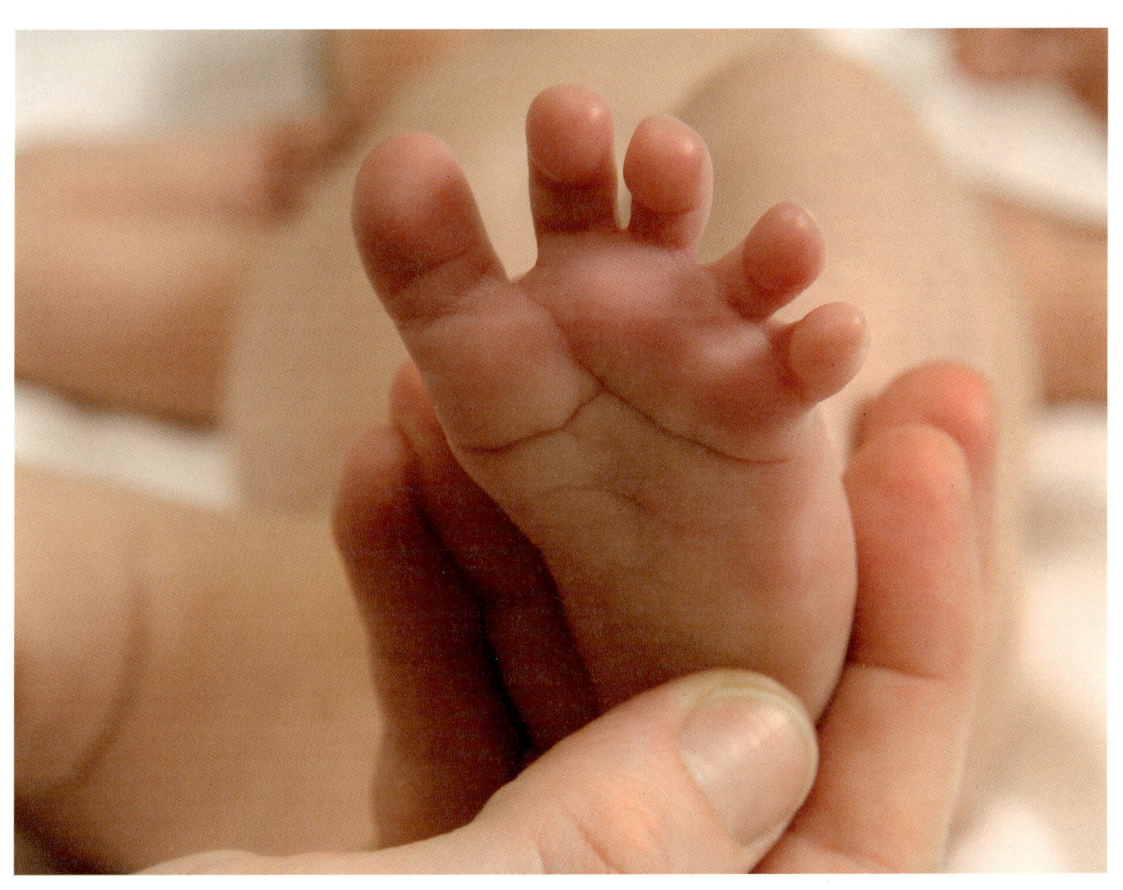

손톱을 깎아줘야 할까?

별 문제가 없다면 한 달이 될 때까지 기다릴 수도 있다. 그때가 되면 손톱 발톱이 약간 단단해져서 깎기가 쉬워진다. 아기가 자기 몸을 할퀴면 좀 더 일찍, 아기가 얌전히 있거나 잠을 자는 동안 깎아준다. 두꺼운 종이로 만든 줄로 손톱 발톱을 갈아줄 수도 있다.

아기에게 체조를 시켜야 할까?

반드시 할 필요는 없지만, 아기와 놀고 소통하는 방법이 될 수는 있다. 목욕을 끝낸 다음 시간이 있고 아기가 피곤해하지 않는다면 몇 가지 다리 동작을 할 수 있다. 아이를 눕혀놓은 다음 한 손은 배 위에 올려놓고 또 한 손으로는 두 다리를 수직으로 부드럽게 올려놓았다가 다시 내리는 동작을 여러 번 반복한다. 아기를 배 위에 잠시 올려놓으면 아기가 머리를 들어 올리는데, 이렇게 하면 아기의 힘이 좋아질 것이다. 이 모든 것은 운동이 아니라 아기를 재미나게 하고 부모에게도 즐거움을 주는 놀이처럼 이루어져야 한다. 아기는 움직이고 온몸을 흔들고 이리저리 옮겨 다니며 혼자서 체조를 할 것이다. 아기의 동작을 도와주기만 하면 된다.

배내옷 준비하기

언제 어떤 색깔의 옷을 고르든 배내옷을 고르는 것은 애정에서 시작된다. 배내옷을 보고 아기를 상상하며 감격스러워 하는 것이다. 젊은 부부는 서로 팔짱을 낀 채 중요한 행위를 하는 듯 배내옷을 고른다. 그래도 옷가게에 들어가기 전에 아기가 뭘 필요로 하는지를 미리 생각해야 한다.

아기는 아주 빨리 자란다

배내옷은 아기의 빠른 성장을 고려해서 미리 너무 많이 사지 않는 것이 좋다. 안 그러면 옷이 금세 너무 작아져 버리기 때문이다. 신생아 사이즈는 흔히 몸무게가 덜 나가는 쌍둥이들에게는 아주 딱 맞을 수도 있지만 중간 체중의 아기는 얼마 못 입는다. 이런 아기를 위해서는 좀 더 큰 사이즈를 사는 것이 낫다. 조산아들의 경우, 육아전문 상점에 가면 그런 아기들의 신장과 체중에 맞는 배내옷이 있다.

모든 상점이나 상표가 치수를 똑같이 표시하지는 않는다. 대부분의 경우 나이가 표시되어 있으며 센티미터로도 표시되어 있다. 좀 작게 재단하는 상표와 좀 크게 재단하는 상표 등 여러 상표에 금방 익숙해진다.

어떤 옷이 필요할까?

물론 배내옷은 아기가 태어난 계절과 살고 있는 지역에 맞춘다.

바디슈트는 아기 배내옷에서 빠져서는 안 되는 품목이 되었다. 날이 더울 때는 바디슈트만 입혀도 된다. 면으로 된 바디슈트는 쾌적하며 배를 잘 감싸준다. 아기가 태어나자마자 바로 바디슈트를 입힐 수도 있다. 어떤 바디슈트는 간단하게 묶거나 누르기만 하면 여며지기 때문이다. 머리부터 입힐 필요도 없다. 신생아들은 머리부터 옷 입는 걸 싫어한다.

소매가 달린 작은 침낭처럼 생긴 옷들은 잠옷 위에 걸쳐입을 수 있다. 이 옷은 이불 대신 입을 수 있다. 계절에 따라 두껍거나 얇은 것을 고른다.

아기의 몸을 닦는 데 쓰이는 두건 달린 작은 목욕가운을 추가할 수도 있다. 외출할 때는 두건이 달린 망토나 방한우주복이 실용적이다. 기저귀 갈기 좋게 바짓가랑이 안쪽 부분에 스냅단추가 달린 우주복은 계절에 상관없이 편하게 입을 수 있다. 우주복은 바지나 치마, 블라우스, 놀이옷 등으로 대신할 수도 있다.

이 의복 목록은 아기가 요람 속에 누워 있는 동안에만 필요하다. 방 안을 기어다니기 시작하면 다른 옷을 입혀야 하고, 걷는 아이의 옷차림은 간단해서 목록이 필요 없을 것이다. 예산과 취향에 따라 사면 된다.

직접 만드는 배내옷

바느질과 뜨개질을 좋아하고 시간 여유가 있다면 헐렁한 옷과 멜빵바지, 목욕가운이나 소매달린 조끼, 윗도리, 뜨개신, 챙 없는 모자 등 면으로 된 것들을 만들 수 있다. 패턴은 배내옷 카탈로그나 여성잡지에서 찾을 수 있다.

아기 옷을 고를 때

- 입기 쉬워야 한다. 목이나 소매가 넓으면 아이에게 옷을 입히려고 매일 전쟁을 치르는 일이 없을 것이다.

- 실용적이어야 한다. 멜빵바지와 우주복의 바짓가랑이 안쪽에 스냅단추가 있으면 쉽게 기저귀를 갈 수 있다.

- 약하지 않아야 한다. 안 그러면 '땅에 끌지 마. 더러워져!'라고 말하고 싶은 유

혹을 계속 느낄 것이다. 아무리 그렇게 말해도 아이는 옷을 땅에 끌고 다닌다.

지나치게 껴입히지 않는다

옷을 너무 많이 껴입고 다니는 아기들이 많다. 너무나 작고 연약해 보이는 아기를 보면 부모들은 추위에 못 견딜까봐 걱정이 된다. 아이의 체온이 내려갈 거라고 생각해서 아기의 온몸을 두꺼운 옷으로 여러 겹 감싸야 안심을 한다.

하지만 신생아는 체온을 조절할 수 있는 능력을 가지고 태어난다. 조산아의 경우에는 이 시스템이 아직 완성되지 못했기 때문에 태어나자마자 바로 인큐베이터에 집어넣어야 하지만 아이가 정상적으로 태어나기만 했다면 체온 조절 장치는 완벽하게 작동된다. 체온은 외부 변화에 상관없이 36.5℃를 유지하는 것이다.

그러니 신생아나 아기에게 옷을 너무 많이 껴입힐 필요는 없다. 아기에게 옷을 입힐 때는 다음의 몇 가지 사항을 고려해야 한다.

아이에게 옷을 입힐 때 주의할 점

- 아기는 거의 움직이지 않기 때문에 신체활동으로 생기는 열을 얻을 수가 없다. 그걸 보상하기 위해서는 어른들이 움직이지 않고 오랫동안 앉아있을 때처럼 입히면 된다. 아이에게 옷을 많이 입힌다고 해서 감기에 안 걸리는 것은 아니다. 감기나 중이염은 다른 원인을 가지고 있다.

- 반대로 무더위가 심해질 때는, 특히 신생아일 때는 특별한 관심을 쏟아야만 한다. 아이에게 기저귀를 채우고 바디슈트 한 벌만 입힌다. 그냥 아무 것도 안 입혀도 좋다. 가능한 시원한 장소에 있고, 아이가 무더운 시간에 나가지 못하도록 해야 한다.

- 아기는 춥다거나 덥다는 말을 할 수가 없으므로 입고 있는 옷이 열이나 장소에 잘 맞는지를 살피는 건 부모가 할 일이다. 부모들은 더운 곳에서 추운 곳으로 나갈 때는 본능적으로 살피지만, 따뜻한 공간으로 들어갈 때는 아이의 옷을 벗길 생각을 잘 하지 않는다.

- 아기가 여름에 태어나더라도 따뜻한 옷을 준비해두는 것이 좋다. 하루에도 몇 차례씩 겉옷을 입히고 벗겨야 한다.

모자

챙 없는 모자를 쓰고 다니면 편하다. 아기의 두개골은 나머지 신체부위에 비해 면적이 크면서 머리칼로는 거의 보호되지 않기 때문이다. 지나치게 머리를 덮거나 지나치게 큰 모자로 아기를 거북하게 만들어서는 안 된다. 단순한 모델이 훨씬 더 낫다. 나이와 상관없이 해가 비칠 때는 챙 있는 모자가 반드시 필요하다. 챙이 있는 모자는 스카프보다 눈을 더 잘 보호해준다.

어떤 소재의 옷을 고를까?

합성 소재로 된 천을 아기의 피부에 직접 갖다 대지 않는 것이 좋고, 적어도 3,4개월 전에는 사용하지 않는 것이 좋다. 굳이 쓰려면 신중을 기해서 어떤 반응이 나타나면 더 이상 쓰지 말아야 한다. 신생아용은 면이나 모직으로 된 품목을 사고 합성소재로 된 것은 나중에 입게 될 옷으로 사는 게 좋겠다.

어떻게 세탁할까?

면은 세탁기가 가장 실용적인 해결책이다. 빨래비누나 가루비누를 쓰고 항상 잘 헹구어야 한다. 강력 세제나 섬유유연제는 아기의 피부를 따끔거리게 만들 수도 있으니 주의해야 한다.

모직물은 펠트처럼 되거나 줄어들지 않게 대부분은 낮은 온도에서 손으로 빨아야 한다. 미지근한 물에 빨아야 하고, 쥐어짜거나 문질러서도 안 되고 양손 사이에 넣고 눌러 짜야 된다. 빨 때와 같은 온도의 물에 세 번까지 헹구고 타월에 말아서 완전하게 말려야 한다. 축축할 경우에는 다리미로 다린다.

아기 신발

아이가 아직 걷지 못할 때에도 춥지 않게 발에 뜨개신이나 덧신을 신길 수 있다. 가죽을 뒤집은 뜨개신이나 덧신은 겨울에 편리하다. 외출할 때 발이 붙은 우주복을 입히면 구두는 필요 없다. 아직 걷지 못하는 아이에게는 그게 더 편하다.

아기가 걸으면 어떤 신발을 신겨야 할까?

경제적인 이유로 지나치게 큰 신발을 사려고 하는 것은 유감스럽게도 잘못된 계산이다. 지나치게 큰 신발을 신으면 더 쉽게 넘어지고 잘못된 자세를 취하게 된다. 덜 비싸고 아이 발 치수에 맞는, 서 있을 때 안쪽으로 1cm만 더 큰 신발을 사는 게 좋다. 앞부분이 넓고 둥근 신발을 골라야 엄지발가락을 자유롭게 움직일 수가 있다.

신발을 물려받는 것은 가능한 피하는 게 좋다. 그 전에 신던 사람이 신발에 고유한 모양을 만들었기 때문이다. 이 모양이 신발을 물려받은 동생의 발에도 꼭 맞지는 않는다.

아이의 발은 금방 커진다. 처음 산 신발들은 얼마 안 있으면 너무 작아져버리고 만다. 아이가 신발을 신고 편안해하는지를 항상 확인해야 하며, 엄지발가락이 신발 끝부분에 닿는 것이 확인되면, 속이 쓰리더라도 새 신발을 한 켤레 사주어야 한다.

부상당할 염려가 없다면 집에서는 아이가 맨발로, 또는 양말만 신고 있게 내버려두는 것이 좋다. 바닥과 접촉하는 것은 아기에게 좋은 일인데, 자신의 몸을 인식할 수 있고 균형을 맞출 수도 있다. 어른들도 신발을 벗고 맨발로 걷는 걸 좋아하지 않는가.

아기 방 꾸미기

아기에게 방을 만들어줄 여유가 있다면 일찌감치 해 두는 게 좋다. 수리와 설치 작업은 아기가 태어나기 몇 주일 전에 끝내고, 아기가 방에 들어오기 전에 가능하면 자주 환기시키는 것이 좋다. 아기 방이 없다면 방의 한 모퉁이를 아기에게 할애하면 된다. 침대와 옷장 등 아기에게 필요한 모든 것을 거기에 모아놓으면 된다.

요람과 침대

아이를 재우기 위해서 고전적인 요람과, 나무로 만든 아기 침대 중에 하나를 고를 수가 있다. 둘 다 없어서 어느 것을 살지 망설이고 있다면 침대가 낫다. 아기는 요람 안에서는 겨우 몇 달밖에 잘 수 없다. 반면에 침대에서는 만 2세까지 머무를 수 있지만, 혹시 누군가가 요람을 빌려주겠다고 제안하면 그 제안을 거부하지 마라! 아주 오래 전부터 요람은 아기들을 흔들어 재웠으며, 아기들도 몹시 좋아한다.

엄마 몸 안에서 그랬던 것처럼 보호받고 있다는 비슷한 느낌이 아기들을 달래주는 것이다. 타협안이 하나 있는데, 쇠파이프 위에 천으로 침대를 조립하는 것이다. 경제적이고 나르기도 쉽지만, 오래 쓸 수는 없다.

어떤 방법을 택하건 간에 침대나 요람을 고를 때는 쉽게 관리할 수 있어야 한다. 옻칠을 한 나무로 만들어져 있으면 쉽게 비누칠을 할 수가 있다. 천으로만 장식되어 있을 경우에는 장식품을 떼어내어 빨 수 있어야 한다. 또 안정되고 모

든 안전규정에 맞아야 한다. 침대 난간에 살이 달려있을 경우 살 간의 거리는 45mm에서 65mm 사이여야 한다. 아기 침대를 갖기로 결심했다면 난간이 높은 침대를 사기 바란다. 아기는 항상 등을 대고 바로 눕혀야 한다.

침구 고르기

아이들의 침대에는 침대 밑판이 없다. 매트리스는 단순한 목제 틀 위에 직접 놓인다. 아기가 매트리스와 침대 사이에 끼는 것을 방지하기 위해서 침대 크기에 딱 맞는 단단한 매트리스를 선택해야 한다.

매트리스를 보호하기 위해서는 두 가지 해결책이 있다. 방수 처리된 면으로 된 매트리스 보호용 시트는 실용적이고 편안하며 삶을 수도 있다. 고무로 된 매트리스 보호용 시트는 시트 안에 씌운다.

아기들은 머리가 침대 가장자리에 닿는 걸 좋아하기 때문에 천으로 침대 가장자리 장식을 만들기 바란다. 이 주변 장식은 많이 움직이는 아기들이 미끄러져 살 사이에 발이나 다리가 끼는 것도 방지할 수 있다. 침대 가장자리 장식이 침대 다리에 단단히 고정되어 있는지 확인한다. 길이를 조절할 수 있는 침대 크기 조절장치도 있다. 천으로 만든 긴 베개로 아기가 침대 바닥으로 미끄러지는 것을 방지하고 아기 주변에 작고 안락한 잠자리를 만들어준다.

침구 사용 시 주의사항
- 베개를 괴어주지 않는다. 코를 파묻을 위험이 있다.
- 담요나 이불을 깔아주지 않는다. 아기가 밑으로 미끄러져 들어갈 수도 있다.
- 아기 침대 속에 놓아두는 물건과 장난감의 숫자를 제한한다.

아기에게는 담요나 이불 대신 자루형 이불, 또는 잠옷에 걸쳐 입는 옷을 덮어

준다. 만 2세가 되면 아이는 파자마나 잠옷만 입을 것이며, 그때가 되면 어른들처럼 이불 덮는 걸 좋아할 것이다. 여름에는 모기장을 준비한다.

TiP

아기 몸에 한 손을!

기저귀교환용 가구에서는 항상 한 손을 아기의 몸에 올려놓고 있어야 한다. 단 한순간이라도 주의를 게을리 하면 아무리 작은 아이라도 굴러 떨어질 수가 있다. 그런 사고가 자주 발생한다.

기저귀교환용 가구

아이의 옷을 갈아입히는 데는 여러 가지 방법이 있다. 기저귀교환용 가구를 이용하거나 옷장을 이용할 수도 있다. 아기용 옷장을 살 수도 있고, 집에 있는 옷장을 쓸 수도 있다. 서랍은 아이의 옷을 정돈해두는 데 쓰고 그 위에는 기저귀교환용 매트리스를 놓아둔다. 기저귀교환용 매트리스에는 타월이나 천 기저귀 등을 펴놓는다. 플라스틱은 촉감이 그다지 좋지 않아서 아기가 만지면 울음을 터트릴지도 모른다.

아기의 옷을 갈아입힐 때는 불을 환히 켜놓는 것을 잊지 말기 바란다.

아기용 안전좌석과 접는 의자

아기용 안전좌석은 실용적이며 편안하다. 이 의자가 있으면 아기를 잠에서 깨우지 않고 산책시킬 수 있다. 자동차 좌석으로 쓰이는 이 의자는 유모차로도 변하며, 손잡이가 달려있기 때문에 들고 다닐 수도 있다. 천으로 된 접는 의자도 많다. 아기가 주변의 세계를 발견할 수도 있고, 또 손닿는 데 구슬도 있다.

그러나 어린이용 안전좌석이나 천으로 된 접는 의자는 잠깐씩만 사용해야 한다. 이 의자들은 아기가 움직이거나 이동하지 못하도록 함으로써 운동발달을 방해하기 때문이다. 이 작은 의자들은 하루 중의 일정한 때에 적당하게 사용되어야 한다. 아기가 깨어있을 때는 차라리 놀이용 매트 위나 엄마 배 위에 올려놓는다. 운동할 수 있는 좋은 기회가 될 것이며, 머리 뒤쪽이 평평해지는 것을 막는 데도 도움이 된다.

위생적인 방

위생적인 방은 깨끗하고 시원하고 습기가 없고 정기적으로 환기가 되는 방이다. 먼지와 진드기는 알레르기 반응을 일으킬 수가 있으며, 가족이 그런 소인을 가지고 있으면 특히 조심해야 한다. 모직으로 된 양탄자를 가능한 한 피하고 차라리 세탁할 수 있는 매트나 마루판이 좋다. 같은 이유로 세탁기로 세탁할 수 있는 이불과 담요, 베개가 낫다. 천으로 만든 장난감 인형은 정기적으로 빨아야 한다.

사람과 동물은 병원균과 질병을 전염시킬 수 있다. 어린아이를 병원균으로부터

보호하는 것은 중요한 일이다. 인체는 몇 가지 방어 메커니즘을 가지고 있지만 이 메커니즘이 작동하려면 시간이 오래 걸리고 까다롭다. 아기는 어리기 때문에 더욱 취약하다. 병원균 가운데 신생아에게 가장 무서운 것은 포도상구균이다. 종기가 난 사람은 절대 신생아를 돌봐서는 안 된다.

감기나 다른 전염병에 걸렸을 때 아기에게 가까이 가면 병원균과 바이러스를 옮길 수 있다. 감기에 걸렸으면 아기를 돌보기 전에 손을 깨끗하게 씻어야 한다. 형이나 누나들이 감기에 걸렸을 경우에는, 당분간은 아기를 안거나 만져서는 안 된다고 설명해준다.

동물 역시 병을 옮길 수 있다. 아직 어린 아기일 동안에는 절대 방 안에 동물을 놓아둬서는 안 된다. 위험할 수 있다.

청결한 아기방의 철칙

- 시끄러운 소리가 거의 안 나는 방이다. 소음은 신생아를 혼란스럽게 만든다. 라디오나 텔레비전에서 나는 소리의 볼륨을 줄인다. 소리나 빛이 거의 안 나는 장난감을 고른다. 시끄럽고 환한 장난감은 아기를 짜증나게 하고 잠을 방해할 수 있다.

- 방 온도는 19~20℃로 유지하고 절대 그 이상은 올리지 않는다. 밤에는 난방기를 끄는 게 좋다.

- 하루에 최소 15분 정기적으로 환기를 시키고 햇빛이 들어오도록 한다.

- 아이가 머무르는 방에서는 담배를 피우지 않는다.

2

J'ÉLÈVE
MON ENFANT
Laurence PERNOUD

아이를
잘 먹이기 위해서

어린아이의 발달에 영양 섭취가 차지하는 중요성은 단순히 생명 유지의 기능으로 끝나지는 않는다. 먹는 것은 즐거움을 안겨준다. 부모와 아기 두 사람이 나누는 즐거움이며, 모든 가족이 함께 나누는 즐거움이다. 또 아주 어린 아이에게도 색깔과 냄새, 맛 등 감각을 발견하게 해주는 무한한 원천이다. 신체적인 측면과 지적인 측면, 운동의 측면 등 여러 가지로 발전하게 하는 갈림길이라고 할 수 있다. 이제 아이의 영양 섭취에 관해 궁금해하는 질문으로 들어가자.

01

제2장 아이를 잘
먹이기 위해서

모유와 분유, 어느 쪽이 좋을까?

아기에게 젖을 먹일까, 젖병을 물릴까? 모유를 먹일까, 분유를 줄까?

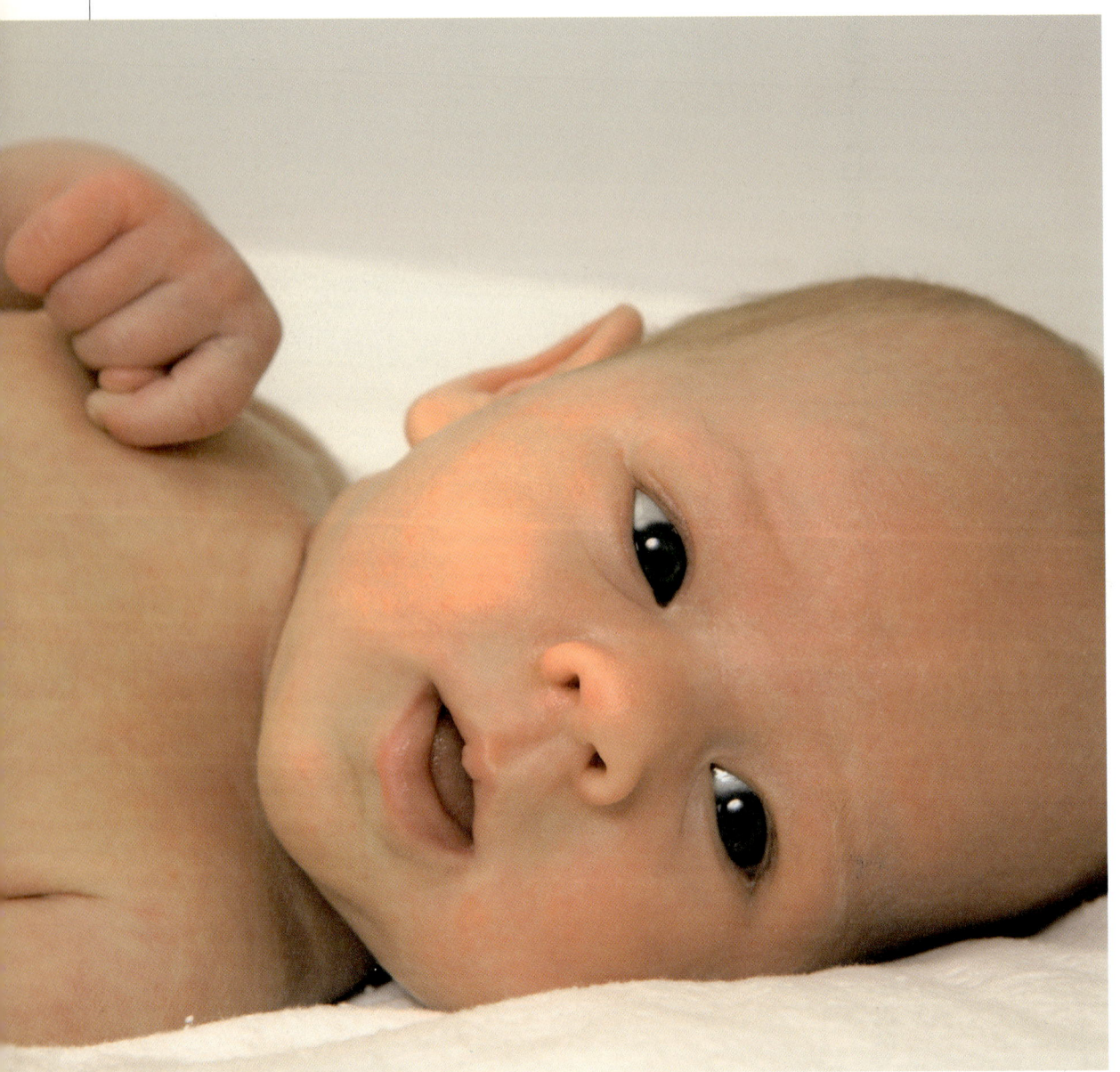

모유 수유에 관해

- 동물의 젖은 그 동물의 새끼가 먹기에 가장 알맞은 조건을 갖추고 있으며, 각 동물의 젖은 모두가 다르다. 그렇기 때문에 아기에게 가장 잘 맞는 것은 인간의 모유다.

- 아기가 예정일보다 더 빨리 나오면 나올수록 모유는 아기에게 더 중요하다. 아기의 소화기는 약하며 쉽게 감염되기 때문이다.

- 모유는 쉽게 소화되며, 부작용도 거의 나타나지 않는다. 모유의 맛은 엄마가 무엇을 먹었느냐에 따라 달라지며, 모유의 구성도 수유 중에 바뀐다.

- 모유를 먹는 아기는 알레르기로부터 더 잘 보호된다. 최소 4개월 동안 모유만 먹이면 알레르기 위험이 감소한다. 비만의 위험 역시 줄어든다.

- 모유에 들어있는 철분은 흡수가 아주 잘 된다.

- 모유를 먹으면 모체의 항체가 전달되어 아기가 질병에 저항력을 갖고 모유를 먹는 동안은 물론 그 이후에까지도 자연적으로 보호받을 수 있다.

- 젖병이나 수유용품을 준비하지 않기 때문에 실용적이고 경제적이다.

- 모유를 먹이면 산모에게도 도움이 된다. 출산에 쓰였던 생식기가 원래의 상태로 회복되는 것을 돕기 때문이다. 유선과 자궁은 밀접하게 연결되어 있어서 아기가 젖을 빨면 반사적으로 자궁이 수축되고 정상적인 크기로 돌아간다.

- 모유 수유는 엄마에게나 아기에게나 행복한 순간이다. 엄마들은 아기와 함께 나누는 기쁨과 아주 특별한 몸의 밀착이 특별한 감정을 가져다준다고 말한다.

TiP

아빠와 모유 수유

엄마가 아기에게 젖을 주는 동안 아빠도 할 일이 있다. 모유 수유를 선택한 아내의 용기를 북돋아줄 수도 있고, 좀 힘든 순간에는 안심시켜줄 수도 있다. 아내가 아기에게 젖을 주는 동안 편하게 자리를 잡을 수 있도록 도와줄 수도 있다. 아기가 엄마 젖을 먹을 때가 아니더라도 아빠와 아기가 교류할 수 있는 기회는 많다. 살과 살을 맞댈 수도 있고, 아기를 흔들어 재울 수도 있으며, 아기를 목욕시켜 줄 수도 있고, 아기랑 같이 낮잠을 잘 수도 있다.

분유 수유에 관해

- 분유를 만드는 기술이 크게 발달했다. 그래도 모두 소의 젖이나 콩 단백질을 주성분으로 만들어진다.
- 다른 사람이 엄마 대신 아기에게 우유를 줄 수가 있다. 아빠들이 젖병에서 찾는 이점 중 하나이다. 아빠들은 아기와 이런 식으로 접촉하는 것을 몹시 좋아한다.
- 젖병을 사용하면 아기와 어느 정도의 거리를 유지할 수가 있다.
- 젖가슴이 아프다거나 아기가 그다지 협조적이지 않는 등 모유 수유가 잘 이루어지지 있을 때 하나의 대안이 될 수 있다. 이 대안은 임시로 쓸 수도 있고, 젖을 떼는 방법으로도 쓸 수 있다.
- 분유를 먹이면 시간과 양을 예측하기가 더 쉬워 엄마들을 안심시킬 수 있다.
- 젖병을 주는 엄마가 느끼는 감정과 모유 수유를 하는 엄마가 느끼는 감정이 다르긴 하지만 엄마와 아기 간에는 심오하고 강렬한 관계가 아주 자연스럽게 형성된다.

이전에 모유 수유를 할 때 어려웠던 경험이 있었을 경우 엄마는 다시 모유 수유를 시작하기를 망설일 수도 있다. 하지만 그때 필요한 모든 조언을 듣지 않았을까? 어쩌면 새로 태어난 아기와는 일이 다른 식으로 진행되지 않을까?

모유 수유 시 궁금한 점들

모유 수유는 가슴을 망가뜨릴까?

이런 질문을 하는 엄마들이 있다. 사실 가슴의 모양이 바뀌는 것은 수유 때문이 아니라 임신 때문이다. 임신으로 유선이 커졌다가 다시 작아지기 때문이다. 모유 수유는 이 젖샘이 갑자기 작아지는 것을 막아주기 때문에 오히려 이롭다고 볼 수 있다. 조심하지 않고 젖이 도는 것을 갑자기 막아버리면 가슴 모양이 망가질 수도 있다.

또 과식을 하거나 과자나 케이크 위주의 살찌는 식단을 따를 경우 가슴 모양이 망가질 수 있다. 풍부한 식단으로 영양을 섭취하면 젖의 질이 좋아진다고 믿는 여성들에게 특히 이런 일이 많은데 지방의

무게 때문에 유방이 처진다. 그러나 적당한 브래지어를 착용하고 균형 잡힌 식사를 하면 충분히 임신 전과 같은 가슴을 만들 수 있다.

피부 조직은 사람마다 다르다. 여러 아기에게 젖을 먹이고도 완벽한 가슴을 간직한 여성들도 있고, 한 번도 모유 수유를 하지 않았는데도 가슴이 쳐지고 피부가 튼 사람도 있다. 출산 전에 체조를 하고 운동, 특히 수영을 하면 가슴을 지탱하는 근육을 단단하게 만들 수 있다.

젖을 먹인다고 가슴 모양이 망가지는 건 아니라는 게 전문가들의 공통된 견해다.

직장을 다니는 경우에는 어떻게 젖을 먹일까?

출산 휴가가 끝나고 나서도 엄마는 아무 문제없이 모유 수유를 할 수가 있다. 직장에서 하루에 두세 차례씩 유축기를 사용하는 것이다. 이렇게 짠 모유를 젖병으로 아기를 돌보는 사람이나 어린이집에 맡길 수 있다.

다른 방법은, 하루에 두 번이나 세 번 모유를 먹이면서 낮에는 모유처럼 소화가 잘 되도록 유산균이 풍부하게 들어있

는 우유를 골라 먹이는 것이다. 아침과 저녁에는 계속해서 모유를 먹일 수 있다. 몇 달 동안 이런 식으로 모유 수유를 유지할 수 있다.

다른 사람들 앞에서 어떻게 젖을 줄 수 있을까?

일부 엄마들은 부끄러운 나머지 다른 사람 앞에서는 모유 수유를 하려고 하지 않는다. 하지만 아기에게 쉽게 젖을 물리는 법을 금방 배우게 될 것이다. 얼마 후면 아기가 잘 하는지 들여다볼 필요 없이 아기를 티셔츠 속이나 가슴을 덮은 스카프 속으로 집어넣기만 하면 아기는 혼자서 젖꼭지를 물 것이다. 산부인과 병원에서 조심스럽게 아기에게 젖을 주고 싶다면 방문객들을 나가게 해달라고 간호사에게 부탁하면 된다.

아기에게 젖을 주는 동안 임신이 될까?

가능한 일이다. 모유 수유가 끝나기 전에도 배란이 이루어질 수 있다. 그러나 아기가 물이나 우유를 먹지 않고 오직 젖만을 먹어 밤에도 최소 6시간에 한 번씩 젖

을 빤다면 배란은 6주 전에는 이루어지지 않는다. 아기가 젖을 빠는 시간에 간격을 두거나 물이나 분유와 번갈아 주면 배란이 가능해진다. 적당한 피임법을 의사나 조산사에게 물어본다.

젖이 붇는 것을 막고 싶을 경우 약을 먹어야 할까?

약을 먹으면 젖가슴이 팽창하고 젖이 흐르는 것을 막을 수 있다. 그러나 호르몬계에 작용하여 프롤락틴의 합성을 가로막는 이 약은 가슴이 두근거리거나 현기증이 나는 등의 부작용을 일으키며 때로는 아주 답답하게 만들기도 한다.

다른 방법을 쓸 수도 있다. 가슴을 가볍게 할 정도로 잠깐만 아기에게 젖을 물렸다가 젖병을 주는 것이다. 아기는 엄마 젖보다는 우유를 훨씬 더 많이 먹어야 한다. 젖가슴이 팽팽하게 당겨졌을 때는 젖가슴을 문질러서 젖이 좀 흘러나오게 할수도 있다. 며칠이 지나면 젖이 마를 것이다. 젖의 분비는 젖가슴의 자극이 약해지면 약해질수록 더 빨리 중단된다.

모유 수유에 의학적 금기상태가 있을까?

드물다. 아이에게 젖에 함유된 당분인 락토오스나, 락토오스의 한 성분인 갈락토오스에 대한 내성이 없거나 갈락토오스 혈증 같은 희귀 질병이 있는 경우 의사가 처방해주는 특수우유가 필요하다. 엄마가 화학요법을 필요로 하는 암이나, 에이즈 같은 바이러스에 의한 질병이 있다면 모유 수유를 금한다. 엄마가 어떤 약을 복용하거나 특수 질환에 시달릴 경우에 일시적인 수유 금지가 있을 수 있다. 이 경우 모유 수유가 가능한지 의사와 상의해야 한다.

여전히 망설인다면

모유 수유를 할 것인가, 아니면 분유 수유를 할 것인가? 결정을 내리는 데 어려움을 느낀다면 모유 수유 협회의 도움을 받을 수도 있다. 모유 수유를 하는 엄마들을 만나 경험을 전해 들으면 모유 수유가 무엇인지를 정확히 알 수 있다.

그래도 망설인다면 또 다른 조언이 있

다. 그만두는 것은 언제라고 할 수 있으니 일단 모유 수유를 시작하라는 것이다. 반대로 젖병을 주기 시작했다면 2주일 뒤에 모유 수유를 하기는 어려울 것이다.

어떤 결정을 내리든 '아기가 몹시 우는데 젖이 충분한 거 확실해?'라든가 '젖 안 줘? 아기가 안 됐어' 등의 비난을 듣게 된다. 모유 수유는 흔히 주변사람들의 반응을 부른다. 불안해지거나 죄의식을 느끼지 않으려면, 그리고 그런 지적을 초연하게 받아들이려면 미리 알아두는 것이 좋다.

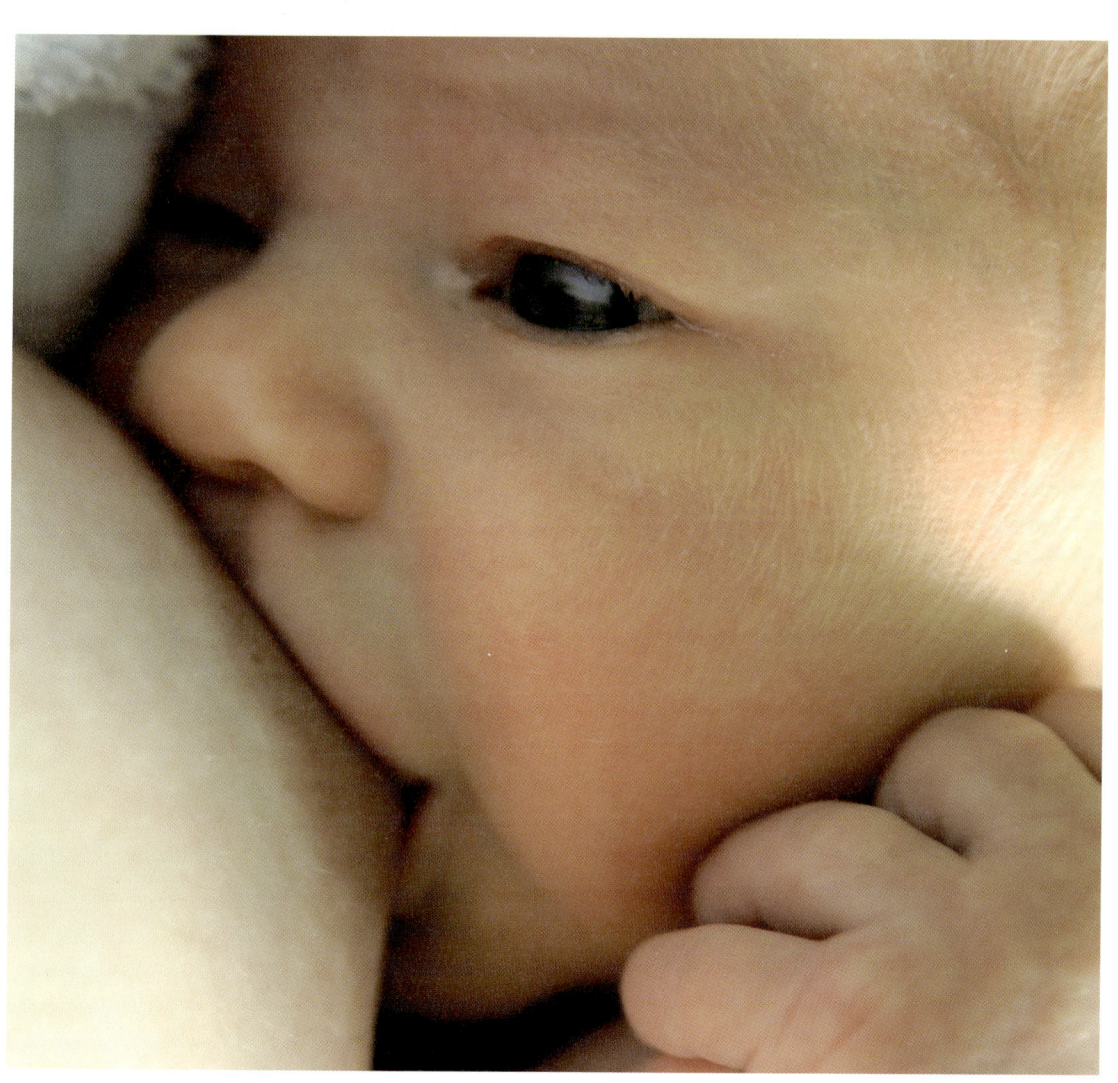

모유 수유하는 법

모유 수유는 분유 수유처럼 합리적인 면이 없다. 아이가 먹는 양은 눈금으로 표시되지 않는다. 아기 스스로 필요로 하는 양만큼 젖을 빨아먹는 것이다. 엄마와 아기는 함께 조금씩 리듬을 찾아갈 것이다. 자신과 아기를 신뢰하고 잘 자리 잡고 앉아 이 유일한 순간을 만끽하자.

다른 엄마들과 함께

모유 수유의 시작은 인내와 끈기, 의지를 요구할 수도 있다. 며칠 지나면 바로 용기를 잃어 산부인과에서 퇴원도 하기 전에 포기해버리는 엄마들도 있다. 모순되는 충고를 너무 많이 듣거나, 방문객이 너무 많아서다. 많은 사람 앞에서 아기에게 젖을 먹인다는 건 때로 어려운 일이 될 수 있다. 아니면 집으로 돌아가고 나서 얼마 후에 그만둔다. 유감스런 일이다. 계속했다면 자신을 믿고 아기에게 모유 수유를 할 수 있었을 것이기 때문이다.

모유 수유를 하고 싶어 하는 엄마들을 도와주는 협회가 많이 있다. 이런 단체에서 격려와 지원, 조언을 얻을 수 있을 것이다.

편안하게 자리를 잡아라

처음에 젖을 주기 위해서는 사람들이 주변을 너무 왔다 갔다 하지 않는 장소를 선택한다. 아기에게는 긴장을 풀고, 마음이 밝아지고, 잠에서 깨어나는 특별한 장소다. 엄마와 아이 모두 수유에 익숙해지면 엄마도, 아이도 거북스러워하지 않고 어디서나 아이에게 젖을 물릴 수 있다. 아이에게 젖을 주기 위해서는 아이가 잠에서 깨어나 침착한 순간을 활용한다.

우선 손을 씻는다. 젖가슴을 만지는 손은 아주 깨끗해야 한다. 그리고 나서 편안히 자리 잡는다. 자리를 잘못 잡은 엄마는 피곤해지고, 피곤한 게 수유 때문이라고 생각하여 수유를 끝내기를 초초하게 기다린다. 그러면 수유 자체가 하나의 시련이 되고 만다.

처음에는 침대에 눕거나 앉아서 아기에게 젖을 먹인다. 그 다음에는 소파에 앉아 수유를 한다. 편안하고 피곤을 느끼지 않기 위해서 가장 중요한 것은 아기의 머리를 젖가슴 쪽으로 기울이고 엄마는 고개를 앞으로 숙이지 않는 것이다. 설명이 지나치게 상세하다고 생각할지도 모르지만, 정확해야 한다. 젖의 생산은 좋은 자세에 달려있다. 좋은 자세를 잡는 연습을 한 다음 아기에게 젖을 주자. 사실은 쉬운 일이라는 걸 알게 될 거다.

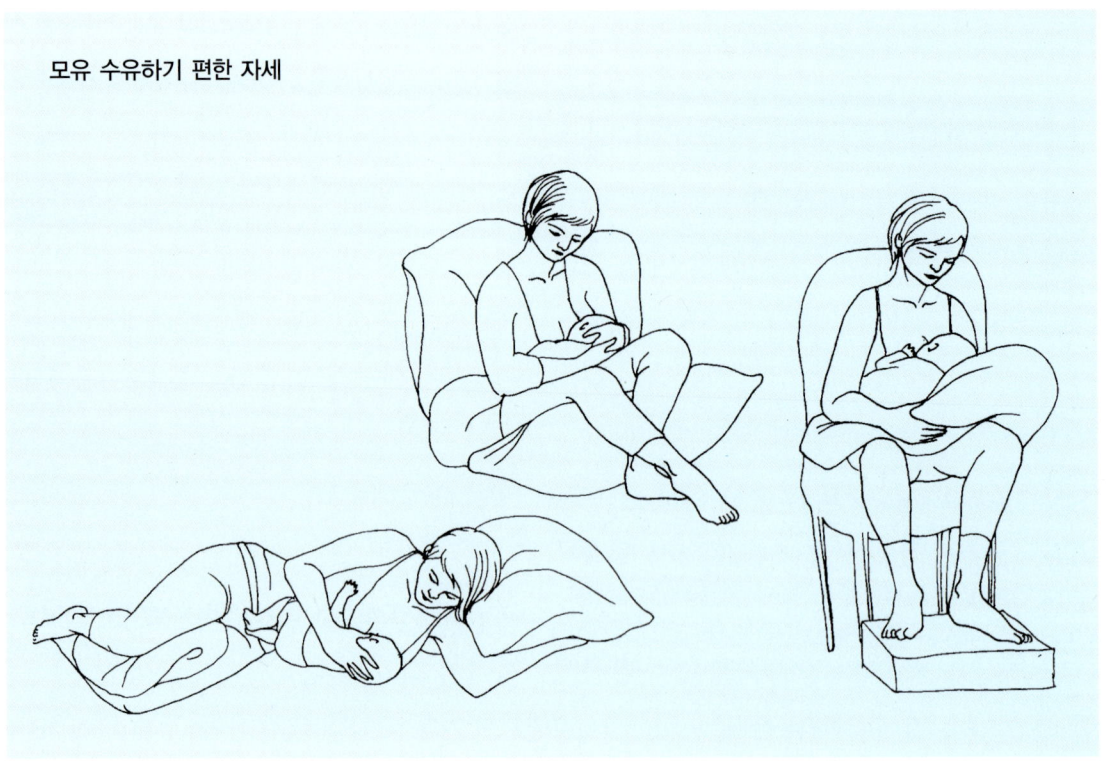

모유 수유하기 편한 자세

누워서 수유를 할 경우

옆으로 드러누운 다음 아기를 엄마 옆에 내려놓는다. 어깨가 편하도록 머리는 베개 위에 올려놓는다. 아기를 안는다. 배와 배는 맞닿게 하고 아기의 코가 젖꼭지 높이에 오게 한다. 엄마의 팔이 아기의 머리를 갑갑하게 만들어서는 안 된다. 다른 손으로는 아기의 등과 엉덩이를 받친다. 젖꼭지로 아기의 윗입술을 간질이면 그 부드러운 피부와 접촉한 아기는 젖 냄새를 느끼고 입술을 움직이며 입을 벌린다. 아기의 등을 받치고 있던 손으로 아기를 젖가슴 쪽으로 당긴다. 젖꼭지가 입 안쪽에 자리 잡는 바로 그 순간, 아기는 젖을 빨기 시작한다. 마치 평생 그렇게 해왔던 것처럼 말이다. 이런 반사적 행동은 태어날 때부터, 사실 그 전부터 갖고 있었다. 빨아서 엄지손가락이 새빨갛게 되어 태어나는 아이도 있다. 임신 중에 초음파 검사를 할 때도 아기가 엄지손가락을 빨고 있는 모습을 때로 볼 수가 있다.

앉아서 수유할 경우

침대에 있을 때는 아기의 얼굴이 젖가슴 가까이에 있을 수 있도록 한두 개의 쿠션을 팔꿈치에 괸다. 그러면 몸을 아기 쪽으로 기울일 필요가 없다. 자리에 앉아 등을 잘 고정시킨 다음, 베개를 무릎 위에 올려놓고 아기 입이 젖꼭지 높이에 오도록 아기를 베개 위에 올려놓는다. 수유 쿠션이 있으면 옆에 놓고 편안하게 젖을 먹이거나 쉴 수 있다.

의자에 앉아서 수유할 경우에는 의자의 상태에 따라 편할 수도 있고 아닐 수도 있다. 몸을 앞으로 기울이지 않기 위해서는 높이가 낮은 의자가 좋다. 등받이에 몸을 잘 기대면 편안하게 자리 잡을 수 있다. 아기를 무릎 위에, 아기 머리는 팔 위에 올려놓으면 별달리 애를 쓰지 않아도 아기 얼굴이 젖가슴 옆에 온다. 한번 해보면 알 수 있다. 낮은 의자가 없으면 작은 의자를 발밑에 둔다. 아이들이 세면대에 올라서는 데 쓰는 발받침이면 충분하다.

앉아서 젖을 먹일 때 아기의 머리가 놓여있는 팔은 항상 무엇인가로 받쳐져있어야 한다. 안 그러면 팔이 금세 피로해진다. 팔걸이가 있는 의자를 고르거나, 쿠션으로 팔꿈치를 잘 괴어야 한다.

자리를 잘 잡은 아기

이제 편안하게 자리를 잡았으니 아기에게 신경을 써보자. 아기 머리를 두 발보다 약간 높게 한다. 아기 머리는 엄마의 팔 위에 놓여있으며, 같은 팔의 손으로 아기의 엉덩이나 허벅지를 받쳐준다. 머리뿐만이 아니라 몸 전체가 엄마를 향해 있어야 한다. 여기서도 역시 배와 배를 맞댄 채 아기 머리가 엄마의 젖가슴에 거의 파묻히다시피 해야 한다.

나머지 한손으로는 엄지손가락은 위로, 나머지 손가락은 아래로 해서 젖가슴을 받친다. 젖꼭지로 아기의 입술을 간질여서 아기가 입을 크게 벌리면 아기를 받치고 있던 팔로 젖가슴 쪽으로 잡아당긴다. 젖꼭지 전부와 유륜이 최대한 아기의 입속에 들어갈 수 있게 한다. 젖이 나올 수 있도록 젖가슴을 약간 눌러도 된다. 아기가 젖을 빨기 시작할 것이다.

수유 중에 아기의 코가 젖가슴에 닿아

숨을 잘 못 쉰다는 느낌이 들면 아기를 조금 더 밑에 둔다. 그러면 아기의 머리가 들리면서 코가 자연스럽게 드러날 것이다.

아기는 처음에는 젖을 아주 힘차게 빤다. 그러다 가끔씩 휴식을 취하고 결국은 배불리 먹고 만족해서 잠이 든다. 아기가 젖을 다 먹고 나서도 젖가슴을 천천히 조금씩 빨고 가볍게 깨물면 수유를 중단해야 한다. 내버려두면 젖꼭지가 물러져서 틀지도 모른다.

아이가 제대로 자리를 잡으면 수유하는 것이 아프지는 않을 것이다. 처음에는 꼬집는 것 같은 느낌이 들 수도 있으나 오래 가지 않는다. 30초 정도 지났는데도 계속 아프면 아기를 젖가슴에서 떼어낸 다음 유륜을 최대한 입속에 물 수 있도록 하여 다시 젖을 물린다.

TiP

아기가 젖을 잘 빠는지를 어떻게 알 수 있을까?

- 유륜의 많은 부분을 입에 문다.
- 빠는 동작에 리듬이 있다.
- 삼키는 동작에도 리듬이 있다.
- 아기가 젖을 빠는 동안 엄마가 갈증을 느낀다.
- 아기가 오줌을 많이 싼다.
- 첫 번째 달에는 매일 대변을 누고 대변에 몽글몽글한 입자가 포함되어 있다.

편안한 모유 수유를 위해 기억해야 할 것들

막상 모유 수유를 하려고 하면 이것저것 궁금한 것들이 많다. 엄마와 아이 모두 편안한 모유 수유를 위해 가슴은 어떻게 관리해야 하는지, 수유 시간과 횟수는 어떻게 해야 할지 등을 소개한다.

젖가슴 관리하는 법

수유를 할 때는 상처가 생기지 않도록 몇 가지를 주의해야 한다. 젖꼭지 피부에 생긴 작은 균열은 아주 아프다. 자리를 잘 잡고 아기가 젖가슴의 유륜을 잘 물고 젖을 먹는 동안 내내 입 안에 잘 두고 있도록 해야 한다. 바로 배와 배가 맞닿는 자세다.

이미 상처가 생겨서 아기가 젖을 빠는 것이 고통스럽다면 유두보호기를 임시로 사용한다. 통증이 느껴지는 젖꼭지에 젖이나 연고를 발라주어도 좋다. 젖은 살균제 역할을 할 뿐만 아니라 상처를 아물게 하기도 한다. 젖꼭지는 수유가 끝날 때마다 드러내놓는 게 좋다.

또 위생적인 환경에서 수유를 해야 한다. 가장 중요한 것은 젖가슴과 접촉하는 모든 것이 깨끗해야 된다는 점이다. 젖가슴은 몸의 다른 부위를 씻듯 똑같이 씻으면 된다. 향이 없는 중성 비누로 매일 씻고 면으로 된 브래지어를 입어야 한다. 합성섬유가 더 쉽게 상처를 만든다.

아이의 옷을 언제 갈아 입혀야 할까

어떤 사람들은 수유 전에 옷을 갈아입혀야 한다고 말한다. 그러면 더 편안하게 수유를 할 수 있다는 것이다. 수유 후에 갈아입히면 아기가 몸을 움직여 토해버릴 위험이 있다. 게다가 어떤 아기들은 빨리 젖을 먹고 싶어 몹시 안달한다. 수유 후에 옷을 갈아입혀야 한다는 사람들도 있다. 젖을 먹고 나면 흔히 똥을 누기 때문이다. 그때 아이의 옷을 갈아입히면 아이가 더 쾌적하게 잠을 잘 수 있다는 것이다. 좋은 해결책은 아기가 다시 수유를 하기 전의 휴식 시간에 옷을 갈아입히는 것이다. 어떤 방법이 가장 잘 맞는지를 곧 알게 될 것이다.

한쪽 젖을 줄 것인가, 양쪽 다 줄 것인가

처음에 젖의 분비가 정상적으로 이루어질 때까지는 아기가 한쪽 가슴의 젖을 빨다가 스스로 그만둔다면 양쪽 가슴의

먹도록 내버려두고 그 동안 다른 쪽 가슴의 젖은 작은 컵에 짜내는 게 좋다.

한쪽 가슴의 젖이 다른 쪽보다 많은 경우가 있다. 이 경우에 매번 두 쪽 가슴을 다 수유한다면 젖이 적은 쪽부터 시작하는 게 좋다. 젖을 먹기 시작할 때는 아기가 젖을 힘차게 빨기 때문에 젖가슴을 자극할 수 있다.

젖을 다 줄 수 있다. 그리고 나서 양쪽 가슴을 번갈아가며 주도록 애쓴다. 즉 아기가 처음 젖을 빨아먹을 때는 한쪽 가슴을, 다음에 젖을 빨아먹을 때는 다른 쪽 가슴을 주는 것이다.

모유의 성분은 수유 중에도 달라진다. 처음 나오는 모유는 가볍고 갈증을 풀어줄 만큼 시원하다. 수유가 계속되면서 더 기름진 성분들을 포함한다. 젖가슴을 너무 빨리 바꾸어버리면 아기는 영양이 풍부한 젖을 충분히 못 먹을 수도 있다. 젖가슴을 번갈아 주면 매번 다른 쪽 가슴은 휴식을 취할 수 있어서 상처가 생기는 위험도 줄일 수 있다.

젖이 많이 나오지 않을 경우에는 두 젖가슴을 한 번에 모두 주되 더 팽팽한 젖가슴부터 준다. 젖이 너무 많이 나오면 아기가 한쪽 젖가슴의 젖을 완전히 빨아

수유 시간

정해진 시간에 수유를 해야 하는지, 아기가 원할 때마다 매번 수유를 해야 하는지의 문제는 오랫동안 논의되어 왔다. 지금은 아이의 욕구와 부모의 가능성을 동시에 고려하여 융통성 있게 시간을 택해야 한다는 데 의견이 일치한다. 주로 처음 몇 주일 동안의 문제로 아이가 자주 또 불규칙적으로 요구하기 때문에 엄마는 항상 준비를 갖추고 있어야 한다. 엄마는 하루에 열 번에서 열두 번까지 젖을 주어야 할 때도 있다. 그러나 몇 주일이 지나면 아기는 일정한 간격으로 젖을 달라고 요구한다. 대부분의 경우는 서너 시

간에 한 번씩 젖을 달라고 하며, 두 시간 이하, 또는 여섯 시간 이상에 한 번씩 달라고 하는 경우도 드물게 있다. 영양 과다의 위험은 없다. 아기는 자기가 원하는 만큼 먹기 때문이다. 게다가 모유는 아주 빨리 소화된다.

TiP

모유의 보관

모유는 영하 4℃ 냉동 상태로도 보관할 수 있다. 48시간 이상은 안 된다. 냉장고에 보관하면 수유 시간에 얽매이지 않아도 된다.

밤에도 젖을 주어야 할까

융통성 있는 수유를 받아들인다는 것은 아기가 요구하는 대로 밤에도 한 번 이상 수유를 해야 한다는 말이다. 아기는 밤과 낮의 리듬을 찾기 위해 어느 정도의 시간을 필요로 한다. 게다가 밤중 수유는 모유 분비를 유지하기 위해 중요하다. 아기가 더 이상 밤에 젖을 달라고 요구하지 않는 것은 대체로 3개월쯤이고 대여섯 시간을 계속 잘 수 있는 것은 몸무게가 5킬로 정도 되었을 때다. 밤중 수유는 시간과 끈기의 문제다.

젖을 얼마 동안이나 먹여야 할까

예전에는 엄마들을 격려하기 위해 3개월째부터는 젖을 뗄 수 있을 거라고 말했다. 지금은 가능하다면 6개월까지 오직 모유만 먹이라고 공식적으로 권장한다.

아기에게 얼마 동안 모유를 먹일까? 그것은 엄마와 아기, 또 엄마의 시간에 따라 달라진다. 비록 보름 동안만 수유를 한다 하더라도 이미 아기는 이득을 본 셈이다. 6개월 이상 수유를 할 수도 있다. 보통 2개월 반부터 3개월 동안 모유만 먹이면 모유의 생산이 자동이 되어 원하는 시간만큼 아기에게 젖을 줄 수가 있어서 수유 횟수를 줄일 수도 있다.

충분히 오랫동안 아기에게 젖을 먹이고 싶다면 5, 6개월부터 모유를 먹이면서 조금씩 다른 음식을 아기에게 먹이면 된다.

수유를 하는 엄마의 식이요법

임신 중에 했던 것과 거의 비슷하게 피로해지지 않도록 아기가 자면 같이 자고, 격렬한 운동을 하지 않아야 한다. 매일 걸어야 하고, 너무 차갑지 않은 물에서 수영해야 하며, 평온한 생활을 유지해야 한다. 어쨌든 최소한 몇 주일 동안은 다른 생활을 거의 할 수가 없다. 푹 쉬어야할 필요를 느끼기 때문이다.

영양가가 높은 다양한 음식 먹기

오늘날 우리는 젖을 먹이는 엄마의 영양 섭취 욕구에 대해 더 잘 알고 있으며, 음식의 양이나 음료수의 양을 늘리지 말라는 것이 새로운 권장사항이다. 임신 중에 먹었던 것과 똑같이 다양하고 영양가 있고 쉽게 소화되는 음식물을 먹으면 된다. 더 많이 먹을 필요는 없으며, 살을 빼는 다이어트도 하면 안 된다. 수유 기간 중에는 영양섭취와 관련된 어떤 제한도 좋지 않다. 균형 잡힌 영양섭취와 점진적으로 이루어지는 일상적인 신체활동은 임신 이전의 체중을 되찾도록 도와줄 것이다.

수유 중에는 하루에 세 번 영양가 있는 식사를 하고 간식을 한 번 먹는 게 좋다.

강한 맛의 음식을 피할 필요는 없다

아마 마늘이나 카레 등 젖에 어떤 맛을 줄 수 있는 음식물을 먹지 말라는 말을 들었을 것이다. 하지만 이제는 엄마가 먹은 것의 맛을 띠는 양수 덕분에 아기가 자궁 내에서 이미 다른 맛에 익숙해져 있었다는 사실이 알려져 있다. 그러므로 강한 맛을 가진 음식물을 피할 필요는 없다. 오히려 그런 음식들은 아이들의 맛 교육도 가능하게 한다.

알레르기를 예방해야 한다

부모나 형제자매 중에 알레르기 환자가 있을 경우 아기 역시 알레르기 환자가 될 위험이 있다. 가장 좋은 예방책은 6개월이 지나갈 때까지 오직 모유만 먹이는 것이다. 이 동안 엄마는 땅콩과 땅콩버터, 공장 과자나 비스킷 등 땅콩이 들어간 음식물을 먹지 말아야 한다. 상품에 땅콩이 들어갔는지 라벨을 읽어보자. 땅콩 같은 알레르기 항원의 라벨 표기는 의무적이다. 하지만 땅콩기름은 알레르기를 일으키는 단백질이 함유되지 않아서 별 문제가 되지 않는다.

수유 중 주의사항

- 진통해열제를 제외하고는 의사의 처방전 없이 약을 복용하지 말아야 한다.
- 술을 마시지 말고 담배도 피해야 한다. 알코올과 니코틴이 모유 속에 함유되기 때문이다. 모유 속에 함유되는 카페인 역시 제한해야 한다. 카페인은 커피와 차, 일부 탄산음료와 에너지 음료에 들어있다.
- 콜레스테롤 흡수를 줄이는 피토스테롤 함유 식품은 먹지 말아야 한다. 피토스테롤은 콜레스테롤이 지나치게 많은 사람들을 위한 것이다. 콜레스테롤 과다라 할지라도 수유 기간 중에는 피토스테롤 제품을 안 먹는 게 좋다.
- 콩을 주성분으로 하는 음식은 하루에 최대 한 번만 먹는다. 콩의 피토-에스트로겐이 모유에 섞이는데 아기의 장래 출산율에 나쁜 영향을 끼칠 수도 있다.
- 변비가 있으면 아이의 건강을 해칠지도 모를 완화제를 먹지 말고 채소와 과일, 통곡식을 먹는다.

모유 수유 중에는 톡소플라스마증과 리스테리아에 감염될 위험이 없기 때문에 덜 익힌 고기와 생우유로 만든 치즈를 먹어도 된다.

모유 수유 트러블,
이럴 땐 이렇게

수유 초기에 어려움에 부딪치면 엄마들은 흔히 용기를 잃고 아기에게 젖먹이는 걸 포기하고는
또 얼마 지나지 않아 후회한다. 그래서 일어날 수 있는 문제에 대해 미리 이야기한다. 그런 문제
를 식별해서 어떻게 대처하고, 전문가의 도움을 받을 수 있을지를 알아두자.

젖꼭지가 작고 거의 튀어나와 있지 않다

이 경우 아기가 젖꼭지를 입에 무는 게 어렵다. 젖꼭지는 아이가 젖을 빨아먹으면서 서서히 만들어질 것이다. 아기가 침착할 때 젖을 물리는 것이 중요하다. 젖을 짜는 기구나 실리콘 젖꼭지를 이용할 수도 있다. 출산 전 마사지가 효과를 낼 수도 있지만, 가장 효과적인 것은 아기 입술이다.

아기가 젖을 빨지 않는다

조산아의 경우 너무 약해서 젖을 빨 힘이 없다. 이런 아기는 엄마 젖을 먹어야 튼튼해지기 때문에 젖을 짜서 젖병이나 찻잔, 주사기로 먹여준다.

젖을 빠는 게 어려운 경우

- 선천성 기형
- 설소대가 짧은 경우
- 빨기와 삼키기를 제대로 조화시키지 못하는 경우
- 혀를 잘못 놓는 경우

설소대가 너무 짧은 경우에는 혀 아래쪽에 있는 이 작은 막을 잘라내면 효과적이다. 이 부위를 절단해도 고통스럽지 않으며, 아기는 더 쉽게 젖을 빨 수 있다. 엄마들은 젖꼭지에서 느껴지던 통증이 순

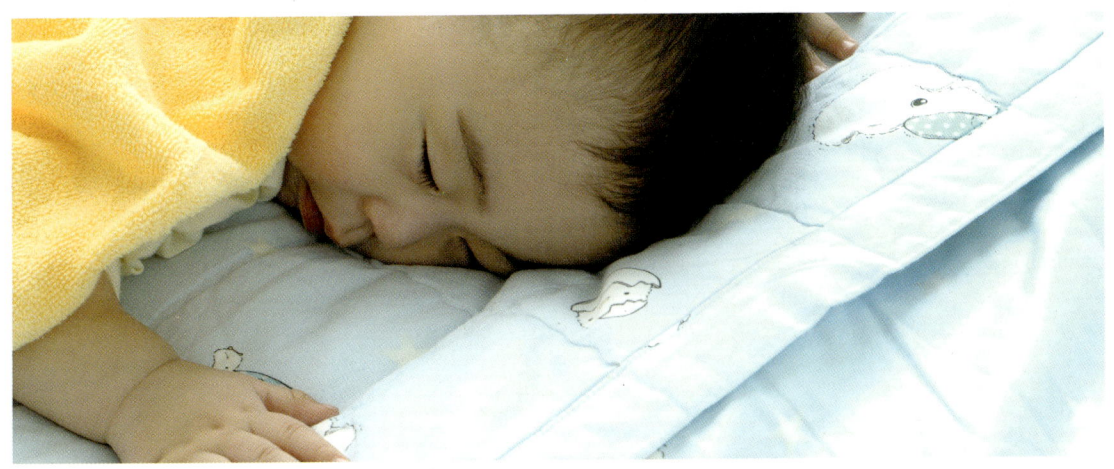

식간에 사라졌다고 말한다.

다른 경우에는 아기가 젖 빠는 법을 배워야 한다. 조산사나 의사, 모유 수유 전문가로부터 조언을 들을 수도 있다.

아이가 젖을 빨려고 하지 않는다

아이가 예정일에 맞추어 태어났으나 늘 꾸벅꾸벅 졸고 배가 고픈 것처럼 보이지도 않는다. 이런 경우는 꽤 많아서 이런저런 방법으로 아이를 자극해봤자 아무 소용도 없다. 아이는 2, 3일이면 깨어나 제대로 젖을 빤다. 그동안 모유 분비가 이루어지도록 젖 짜는 기구를 이용하고, 젖가슴을 자극하기 위해 작은 잔을 가지고 다니는 게 좋다. 예쁘지는 않아도 실용적인 이 작은 플라스틱 잔은 두 가지 기능을 가지고 있다. 이 잔으로 젖가슴을 누르면 젖의 분비를 도와주며, 젖을 모아 부종이 생기는 것을 방지해준다.

젖의 분비가 아주 느리고 부족하다

우선은 걱정하지 않아야 된다. 젖의 분비와 정신 상태에는 확실한 관계가 있기 때문이다. 분비가 불규칙한 처음 몇 주일 동안은 특히 그렇다. 엄마가 근심걱정을 많이 하면 할수록 젖은 덜 나온다. 정신상태가 미치는 영향은 매우 직접적이기 때문에 일부 의사들이 엄마에게 수유를 지나치게 강요하면 반드시 실패하게 된다. 반대로 수유를 하려고 하는 엄마들에게는 모든 희망이 약속되어 있으니 걱정할 필요가 없다. 게다가 피로와 고통도 젖의 분비를 감소시킨다는 사실을 상기하기 바란다. 이럴 때는 휴식을 취해야 한다.

젖의 분비를 자극하는 데 가장 효율적인 수단은 아이가 양쪽 젖가슴을 다 빨도록 하는 것이라는 사실을 기억해야 한다. 작은 잔을 가지고 다닐 수도 있다. 마지막으로 모유 수유를 유지하기 위해 가능하면 젖병을 들지 말고 오랫동안 기다려야 한다. 젖병은 빨기가 더 쉽기 때문에 아이가 젖병에 익숙해져 젖가슴을 거부할 수가 있다. 안 그래도 어려운 젖 분비가 결정적으로 중단될지도 모른다.

젖병으로 보충해서 먹일 때

젖병으로 보충해야 될 필요가 있으면 젖이나 우유가 너무 쉽게 나오거나 너무 빨리 나오지 않도록 구멍이 작은 고무젖꼭지를 선택한다. 젖을 잔이나 주사기로 줄 수도 있는데, 주로 일부 조산아들에게 해당된다. 시간은 좀 걸리지만 충분히 해볼 만하다.

엄마가 이렇게 주의를 기울이는데도 모유 분비가 되지 않는 경우는 드물다. 그렇지만 많은 엄마들이 짧게는 닷새, 길게는 열흘 동안 헛된 시도를 하고서 그만두어 버리기도 한다. 모유 분비가 아주 느리게 시작되는 경우도 있다. 모유 분비는 2주일이 지나야, 심지어는 3주일이 지나야 규칙적으로 이루어진다.

마지막으로 가슴이 작은 엄마라도 젖을 많이 만들 수 있다. 풍만한 가슴과 풍족한 모유는 같지 않다.

모유가 흘러나온다

아기가 한쪽 젖가슴을 빨면 다른 쪽 젖가슴으로 젖이 흘러나오는 경우도 흔하다. 작은 잔이나 수건을 젖가슴에 갖다 댄다.

아이가 딸꾹질을 한다

딸꾹질은 심각한 것도 아니고, 소화가 잘 못 되었다는 징후도 아니다. 딸꾹질이 계속되면 숟가락이나 피펫에 물을 담아서 주거나, 다시 젖을 물려본다. 딸꾹질이 멈출 때까지 아이를 쓰다듬어준다.

모유 수유의 시작이 고통스럽다

젖을 주는 자세나 아기의 자세를 고쳐야 할지도 모른다. 아기가 유륜을 잘 물게 하고 젖을 빨면서 엄마를 아프게 하지 않도록 조심해야 한다. 수유가 끝나면 젖 한 방울을 젖꼭지에 펼쳐 바르고 마르도록 내버려둔다. 모유는 살균 작용을 하고 상처를 치료해준다. 수유 사이에는 젖꼭지를 마른 상태로 놔두고 약국에 가서 어떤 연고를 바를지 상담해보기 바란다. 효과적인 연고가 있다.

젖가슴이 충혈된다

가슴이 탱탱하고 통증이 느껴지며, 눌러도 젖이 거의 나오지 않는다. 아마도 젖을 주어야 할 순간인지도 모른다. 하지만 아기가 젖을 잘 빨지 못한다면? 의외로 효과적인 방법이 있는데, 뜨거운 물로 샤워를 하는 것이다. 그러면 젖이 잘 나와서 통증이 풀린다. 가슴을 부드럽게 문질러줘도 통증이 가라앉는데 억지로 짜는 유축기보다 충격을 덜 준다.

젖가슴이 막혀있을 경우 통증을 덜 수 있는 방법은 뜨거운 물에 적신 수건을 20분 동안 젖가슴에 올려놓는 것이다. 같은 동작을 하루에 몇 차례 되풀이한다. 차가운 것을 더 좋아해서 아주 차가운 장갑을 젖가슴에 올려놓는 엄마도 있다.

젖가슴이 막히는 것은 일시적이지만, 계속되면 젖 분비가 잠시 줄어들 수도 있다. 24시간 내에 개선되지 않으면 의사나 조산사와 상담한다.

아이가 너무 많이 먹는다

어떤 아이들은 공기를 들이마시는 것만큼이나 젖을 많이 먹으며, 숨차하고 재채기나 기침을 하다가 트림을 하면서 젖을 몽땅 토해낸다. 대부분 젖이 입 안에 너무 빨리 들어가기 때문에 젖을 토해내는 반사적 행동이 지나치게 작용하는 것이다. 젖을 빨고 있는 아기를 한두 번 중단시키고 트림을 시켜야 한다.

아기가 충분히 먹었을까?

아기가 잘 자라고 있는지를 어떻게 알 수 있을까? 아기를 잘 관찰하고, 무엇보다 아기 똥을 보면 알 수 있다.

아기의 모습과 행동

엄마의 젖을 먹은 아기는 피부가 분홍색을 띠고 단단하다. 젖을 먹고 나면 아기는 배불리 먹어서 만족스럽다는 표정을 짓는다. 잠도 잘 잔다. 아기는 잠에서 깨어나도 몇 분 동안 차분하게 주변에 주의를 기울인다.

체중

충분히 잘 먹을 경우 아이의 체중곡선은 중간곡선에 가깝다. 처음 6개월 동안은 1주일에 약 100~200g씩 살이 찐다. 수유 초기에는 엄마를 불안하게 만들기도 하기 때문에 첫 번째 달에는 1주일에 한 번씩, 그 후에는 매월 한 번씩 체중을 재보는 것이 좋다.

소변

엄마 젖을 충분히 잘 먹은 아기는 하루에 최소 다섯 번씩 기저귀를 푹 적셔놓는다. 두세 번 수유를 했는데도 기저귀가 젖어 있지 않다면 아이가 엄마 젖을 충분히 먹지 않았다는 표시다. 모유 분비를 촉진하기 위해 전문가나 모유수유협회에 조언을 구한다.

대변

엄마 젖을 먹는 아기의 경우 똥이 황금색을 띠었다가 공기에 닿으면 녹색으로 변한다. 액체이거나 반액체이며 곡식 같은 동그란 것들이 들어있다.

횟수는 다양하다. 처음에는 수유 한 번에 똥 한 번씩이었다가 거의 대부분은 줄어든다. 첫 번째 달 말에는 하루에 한 번에서 네 번까지 똥을 눈다. 첫 번째 달에 하루에 한 번 이하로 똥을 드물게 눈다는 것은 엄마 젖을 충분히 먹지 않았다는 것을 뜻한다. 이럴 경우에는 아기에게 더 자주 젖을 물려야 한다.

하루에 한 번에서 네 번까지의 리듬은 수유가 계속되는 한 지속될 수 있다. 때로는 똥을 누는 횟수가 더 줄어들어 1개월 뒤에는 1주일에 한두 차례가 될 수도 있다. 수유가 찌꺼기를 거의 남기지 않기 때문이다. 똥이 나오도록 할 만큼 찌꺼기의 양이 충분해지기 위해서는 여러 날이 필요하다. 아기가 흰 똥을 눌 경우에는 의사와 상담해야 한다.

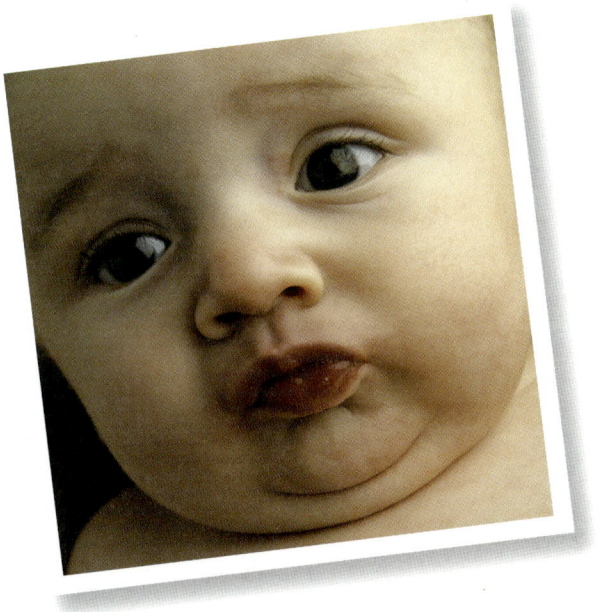

문제가 있는 경우

겉모습과 행동, 대변, 체중이 위의 설명과 같은 아기는 엄마 젖을 잘 먹은 아이다. 그 반대로 아기가 젖을 먹고 난 뒤에도 여전히 배가 고프다는 표정을 짓고 있거나, 몸무게가 늘어나지 않을 경우 젖 먹이는 자세나 수유 횟수, 아기의 젖 빨기 등 수유의 기술에서 뭔가를 다시 수정해야 한다. 의사나 모유수유 지원센터에 문의해야 한다.

젖이 부족한 아기

• 젖가슴을 찾는다.

• 허공에서 젖을 빤다.

• 울거나 젖가슴에 2~3분 동안 얼굴을 파묻고 있다가 잠이 든다.

• 쉽게 잠을 자지 못 하거나, 한 시간만 자고 깨어난다.

• 몸무게가 늘지 않는다.

젖떼기에 관하여

이유식을 언제 어떤 식으로 할까? 젖떼기는 서서히 이루어져야 한다는 사실을 우선 알아두자. 느닷없이 젖을 떼어버리면 아기가 소화나 정서상의 장애를 일으킬 수도 있으며, 엄마 역시 젖가슴이 막히는 등의 문제를 겪을 수가 있다.

아기가 3개월이 안 되었을 경우

처음 몇 주일 동안 모유 수유는 유선의 규칙적인 자극에 기초를 두고 있다. 젖이 올라오는 것을 느낄 수 있으며, 아기에게 젖을 먹이면 팽창이 조금씩 감소한다. 젖이 올라오는 속도는 수유를 할 때마다, 때로는 하루가 지날 때마다 달라진다. 수유를 건너뛰면 젖가슴은 팽팽해지다 못해 통증이 느껴질 것이다. 그러므로 젖을 떼기 위해서는 젖이 너무 많이 올라오지 않는 시간에 모유를 젖병으로 대신해야 한다. 하루가 끝나갈 무렵이 젖이 너무 많이 올라오지 않는 시간이지만, 마지막 수유는 그만 두어서는 안 된다.

젖가슴은 샤워를 할 때, 또는 따뜻한 장갑으로 부드럽게 문질러주어 팽팽해진 것을 정성스럽게 풀어주어야 한다. 다음 수유를 할 때까지 필요한 만큼 자주 한다. 되도록이면 아침과 밤에는 계속 모유 수유를 한다.

모유가 더 이상 안 나올 때까지 수유를 젖병으로 계속 대신하기 바란다. 1주에서 3주일이 걸릴 수 있다. 이렇게 하면 젖은 대개 저절로 마른다. 아주 드물게는 의사나 조산사의 처방에 따라 약을 써야 될 수도 있다.

TiP

주의할 점

모유 수유를 계속하고 싶지만, 아기를 다른 사람에게 맡겨야 한다면 아기에게 젖을 먹이지 못하는 시간에도 자극을 유지하기 위해 젖을 짜내려고 애써야 한다. 수동 유축기 하나만 있으면 충분하다.

아기가 3개월이 넘었을 때

모유 분비의 메커니즘은 아기가 3개월 정도 되었을 때 바뀐다. 젖은 더 이상 차오르지 않고, 젖가슴은 아기의 요구와 자극에 부응한다. 엄마는 젖가슴에 더 이상 팽창을 느끼지 않아 편안하다. 여전히 젖이 차오를 경우에는 뜨거운 물로 샤워를 하거나 젖가슴에 차가운 것을 올려놓으면 진정된다. 젖을 떼려면 모유 수유를 서서히 다른 것으로 대체한다. 아주 서서히 젖을 떼고자 한다면 아침과 밤에는 계속 모유 수유를 한다. 그래도 수주일, 수개월 동안 수유하는 게 가능하다.

아기가 젖을 쉽게 떼지 못할 때

아기가 젖병을 단호히 거절한다고 불안해할 필요는 없다. 아기는 결코 굶어죽을 때까지 가만있지 않는다. 아기들은 한편으로는 젖을 주고 싶어 하면서도 또 한편으로는 수유를 그만두고 싶어 하는 엄마 감정의 양면을 잘 알고 있다. 엄마들에게는 이 단계가 좀 어려울 때도 있지만 어디가지나 과도기다.

● 우선 아기에게 젖병으로 넘어가야 될 이유를 설명한다. 속내이야기를 하듯 소곤소곤 아기에게 말을 하면 아기도 알아들을 것이다.

● 엄마가 아닌 다른 사람이 젖병을 주고 엄마는 방에서 나온다. 엄마가 가까이 있다고 느끼면 아기는 젖가슴을 기다릴지도 모른다.

- 아기를 유모나 어린이집에 맡겨야 한다면 아기를 돌보게 될 사람이 적응기간 중에 이따금씩 젖병을 주는 것이 좋다.
- 젖병을 주는 것이 엄마라면 아기를 안지 않는다. 아기가 젖 냄새를 느낄 테니 아기를 앞의 의자에 앉힌다.
- 여러 가지 가짜 젖꼭지를 시도해본다.
- 분유를 컵에 타서 줄 수도 있다. 우유가 컵 가장자리에 오도록 컵을 기울인다. 그렇게 하면 아기가 컵 가장자리를 핥으며 우유를 빨아먹을 수 있다. 우유가 아기 입 속으로 직접 흐르게 하면 안 된다. 우유가 아기의 기도로 들어갈 수도 있다.
- 4~5개월부터 곧장 숟가락을 사용하려는 아기들도 있다.

있는 약을 복용한다. 이때는 아기를 아주 다정하게 대해주도록 주의해야 한다.

젖떼기 이후의 보살핌

더 이상 모유 수유를 하지 않으면 젖가슴을 치료한다. 매일 같이 차가운 물로 샤워를 하고 젖가슴을 받치는 근육인 흉근을 움직이는 체조를 한다. 수영은 가슴을 위한 최고의 운동이다.

갑작스러운 젖떼기

젖가슴이 많이 아프다면 그 위에 천으로 싼 얼음을 올려놓고 의사나 조산사의 처방에 따라 젖이 나오는 것을 중단시킬 수

분유로 키우는 경우

분유를 먹고 크는 아기의 경우에는 조언을 받을 필요가 있다. 우선은 분유를 선택해야 하고, 아이가 그 분유를 어떻게 받아들이는지를 알아야 하며, 경우에 따라서는 섭취량을 조절해야 한다.

아기들을 위한 여러 가지 분유

생우유는 최소한 12개월까지 아기의 소화 능력과 생리적 욕구에 잘 맞지 않는 성분을 가지고 있다. 우유를 주성분으로 조제되는 분유는 모유에 최대한 가까워지게 하는 처리 과정을 거친 것이다. 콩단백질을 주성분으로 하는 조제분유도 있는데, 주로 채식 가족을 위해 만들어진다. 신생아를 위한 분유는 주로 캔에 든 분말이나 액상형 파우치 형태로 들어있고, 아기의 성장에 따라 맞춰 먹일 수 있도록 4단계 정도로 나눠져 있다. 이 분유는 기본적인 영양섭취를 보장해주지만 그래도 분유는 모유에 비해 큰 차이가 있다. 감염을 막아주는 항체가 부족하고 소화에 문제가 생길 수도 있다.

젖병 준비

최근까지만 해도 처음 몇 달 동안은 젖병을 소독하라고 했지만 요즈음엔 꼭 그럴 필요는 없다고 조언한다. 분유를 일단 물에 타고 나면 젖병은 세균과 균류에 유리한 환경이 되기 때문에 먹이기 직전에 타야 되지만 타놓은 우유를 금방 다 먹이기만 한다면 소독하지 않은 깨끗한 젖병을 사용해도 위험하지 않다. 젖병을 준비하기 전에는 항상 손을 씻고 모든 부속물을 잘 씻으면 된다.

젖병 관리

- **젖병** : 긴 솔과 뜨거운 물, 세척제를 이용하여 병 속을 정성스럽게 문지르고 잘 헹군다. 닦지 말고 말린다.
- **병뚜껑** : 잘 문지른 다음 헹군다.
- **고무젖꼭지** : 고무장갑을 뒤집듯 뒤집어서 씻거나 긴 솔을 사용한다. 구멍이 막히지 않았는지 확인한다.

아기가 우유를 다 먹고 나면 바로 젖병을 찬물로 헹궈둔다. 그러지 않으면 마른 우유가 달라붙어서 다음에 씻기가 더 어려워지고, 주변온도에 그냥 내버려두면 병원균이 아주 빠른 속도로 자라날 것이다.

뜨거운 물로 소독하기

깨끗한 젖병과 젖꼭지, 병뚜껑을 소독기 속에 집어넣는다. 증기나 전기소독기는 30분 이하, 전자소독기의 경우에는 10분 이다.

수유할 때까지 소독기 안에 그대로 두어도 되고, 뜨거울 때 꺼내 말려도 된다.

차가운 물로 소독하기

소독 용기와 약국에서 파는 제품을 사용한다. 소독약은 염소가 주성분으로서 액체나 정제 형태로 되어 있다. 용기를 차가운 물로 가득 채운 다음 소독용 제품을 넣고 깨끗한 젖병을 물속에 집어넣은 다음 용기를 닫고 젖병이 물에 잠겨있도록 내버려둔다. 설명서의 지시사항을 잘 지킨다. 소독약으로 소독된 젖병을 사용하기 위해서는 물기를 뺀 다음 꼼꼼하게 물에 헹구어야 한다.

어떤 물을 선택할까?

분유를 탈 때는 생수나 수돗물을 쓰면 된다.

- 뚜껑을 딴 지 24시간이 지나지 않은 병의 생수를 사용한다.
- 수돗물도 시 당국의 부적합 판정이 내려진 경우를 제외하고는 적당하다. 세균학적으로나 화학적으로 철저한 감독이 이루어지기 때문이다. 수도꼭지를 열고 몇 초 동안 물을 흘려 보낸 다음 나오는 물을 사용한다. 연수로 만들거나 지나치게 정수한 물은 사용하지 않는 것이 좋다.

분유 타는 방법

우유를 만들기 위해서는 설명서에 표기된 대로 정확한 양의 물에 계량스푼으로 분유를 계량해서 탄다. 비율을 지켜야만 우유의 농도가 지나치게 높아지는 것을 피할 수 있다. 우유의 농도가 지나치게 높으면 변비를 자주 일으키게 된다. 아기의 나이에 따라 물을 준비하고 계량스푼 위로 올라온 분유는 깎아서 양을 맞춘다. 우유를 계량스푼 속에 다져넣거나 흔들면 분량이 늘어난다.

젖병 속에 필요한 물을 붓고 젖병 덥히는 기구 속에 넣어 미지근하게 만든 다음 물의 양에 맞는 분유를 넣고 젖병의 뚜껑을 닫고 흔든다. 엉겨 붙은 덩어리가 보이면 다시 흔든다. 우유가 적정온도인 35℃가 되도록 몇 초 동안 젖병을 다시 덥힌다. 우유를 손목 안쪽이나 손등에 흘려서 우유의 온도를 확인한다. 전자레인지는 젖병 자체는 여전히 차가운데 그 속의 내용물은 지나칠 정도로 덥힐 때가 이따금 있으니 조심하기 바란다. 젖병은 실온으로 줘도 된다.

외출이나 여행을 할 때는 젖병을 가지고 가서 먹기 전에 분유를 타야 한다. 액상 우유는 이동할 때 아주 유용하다.

분유에는 당분이 있어서 개봉을 하지 않을 경우 수 개월간 보관될 수 있다. 개봉 후에는 건조한 장소에서 보름 동안 보관할 수 있다. 그 후에는 역해져서 먹을 수 없다.

시간과 양

분유를 먹일 때는 최소한 두 시간의 시간 간격을 둬야한다. 이런 문제 때문에 모유수유를 하도록 권유한다. 나이에 따라 아기에게 일반적으로 주는 분량을 더 자세히 알아보자.

평균 체중을 가진 각 나이의 아기에 권유되는 우유의 양	
아기의 나이	우유의 양과 젖병의 갯수
1일	우유 섭취 시작
1주	30~90ml 젖병 6~8개
2주	60~120ml 젖병 6~7개
3~4주	90~150ml 젖병 5~7개
2개월	150~180ml 젖병 4~6개
3~4개월	150~210ml 젖병 4~5개

중요사항

이 수치는 참고 사항으로, 정해진 것은 아니다. 어떤 아기들에게는 더 필요할 수도 있지만 거의 대부분의 아기들에게는 이보다 덜 필요하다. 의사는 아기의 나이와 몸무게, 체질에 맞추어 필요한 분량을 정해줄 것이다. 그러나 아기 역시 할 말이 있다. 아기야말로 자신의 욕구를 가장 잘 판단할 수 있는 것이다. 모든 아기들에게 예외 없이 딱 들어맞는 표준 식이요법은 있을 수 없다. 우유를 먹는 시간 간격은 대체로 2~4시간이며, 아기가 자기가 필요로 하는 양을 먹기 때문에 식사 때마다 양이 다를 수가 있다. 그러니 억지로 먹여서는 안 되며, 특히 잠자고 있는 아이를 깨워서 우유를 먹여서는 안 된다. 또 시간이 되기 전에 먹고 싶어 하는 아기에게 우유를 안 주어서도 안 된다. 식욕이 강한 아기와 식욕이 거의 없는 아기들, 식사 횟수를 빨리 줄이는 아기들과 하루에 여덟 번에서 열 번까지 우유를 줄 것을 요구하는 아기들 모두 있을 수 있다. 하루에도 8~10회 요구하는 아이들의

경우는 처음 몇 주일 동안의 적응 기간에
불과하다.

처음 몇 주일 동안의
영양섭취

산부인과 병원에서는 우유를 작은 젖병
에 준비한다. 작은 젖병에는 대개 우유
가 90ml씩 들어간다. 아기는 마음대로 마
실 수 있으며, 아기가 마시는 양은 매번
다르다. 첫 번째 주에는 아기가 소식가이
기는 하지만 그래도 매일 양을 늘린다는
것을 확인할 수 있다. 아이가 매 식사 때
마다 60ml에서 90ml 사이의 양을 먹으니
90ml의 우유를 준비한다. 많이 먹는 아
기들은 3주일째부터, 때로 2주일째부터
120ml까지 먹기도 한다.

　처음 몇 주일 동안 아기는 아침에 조금
힘들어할 때도 있다. 아기들은 대부분 밤
에 더 잘 먹는다. 그러니 하루 섭취량이
문제가 없다면 밤중 수유를 피하려고 애
쓸 필요가 없다. 아기가 낮 동안에 더 탐
욕럽게 먹었다면 더 긴 밤을 만들 것이다.
　아기가 소화를 잘 시키기 위해서는 낮

동안에 균형 있게 양을 나눠주는 것이 중
요하다. 평소 매끼 90ml의 우유를 먹는데
평소보다 덜 마셨다거나 많이 울었다는
이유로 150ml 이상의 우유를 주어서는 안
된다.

젖병의 시간 :
함께 나누는 즐거움

모유를 먹고 크는 아기들과 마찬가지

로 우유를 먹는 시간 역시, 속삭이는 듯한 작은 수다와, 점점 더 정교해지는 손과 손가락의 움직임 등 내밀함을 즐길 수 있는 경이로운 순간이다. 얼마 안 있으면 아기는 자신의 젖병을 알아볼 텐데, 처음에는 젖병을 더듬고 만져서 알다가 그 다음에는 젖병을 뺏으려고 애쓴다. 아기는 엄마의 눈길을 찾는다. 마치 다정한 말 한마디나 격려를 기다리기라도 한 듯 멈춘다. 엄마와 아빠가 아기에게 응답한다. 이것이야말로 함께 나누는 즐거움이다.

식사의 순간이 되면 손을 깨끗이 씻고 젖병을 준비한다. 젖꼭지로 우유가 잘 흘러나오는지 확인한다. 구멍이 너무 클 때도 있고, 너무 좁을 때도 있고, 막혀 있을 때도 있다. 공기가 통하지 않아서 우유가 흐르지 않을 때도 있다. 마개를 너무 꽉 돌려서 닫으면 안 된다.

의자나 손잡이가 달린 낮은 안락의자에 편하게 자리를 잡는다. 아기를 팔 안쪽에 올려놓는다. 그런 다음 젖병 꼭지를 아기 입 속에 넣는다. 아기는 즉시 젖병을 빨기 시작할 것이다. 아기가 공기를 삼킬 수도 있으니 꼭지가 항상 우유로 가득 차 있도록 젖병을 들고, 꼭지로 아기의 코를 누르지 않도록 조심해야 한다. 안 그러면 아기가 숨을 못 쉴 수도 있다. 젖병 꼭지가 납작해졌을 때는 병 속으로 공기가 약간 들어갈 수 있도록 마개를 살짝 풀었다 닫으면 된다.

아기가 잘 먹고 있는지

아이가 제대로 우유를 먹고 있다는 것을 어떻게 확인할까? 젖병 속에 작은 거품들이 계속 올라오는지 확인해보면 된다. 아기가 먹는 것을 방해하는 덩어리가 있지는 않은지 즉시 알아차릴 수 있다. 보통의 식사는 15분에서 20분까지 걸린다. 아기가 원하면 시간이 더 늘어날 수도 있을 것이다. 아기에게 이 순간은 중요하다. 아기는 행복해하며, 엄마도 그걸 느낀다.

어떤 신생아들은 젖병을 절반 정도 먹었을 때 자연적으로 트림 휴식을 한다. 그러지 않다면 아기에게 휴식을 권해도 된다. 아기가 혼자 젖병의 우유를 마시도록 내버려두는 건 위험하다. 지나치게 빨리 마시거나, 숨이 막히거나, 공기를 너무 많이 들이마실 수 있다.

식사가 끝나면 아기에게 트림을 시키고

옷을 갈아입힌다. 젖병으로 우유를 먹는 아기는 우유를 다 먹고 나면 자주 토해낸다. 불안해할 필요는 없지만, 트림할 때 엄마 어깨에 천기저귀를 한 장 올려놓는 것이 좋다. 아이가 우유를 빨리 마시면 마실수록 트림을 더 많이 하고 우유도 더 많이 토해낸다.

분유 수유 궁금증 Q & A

ㅡ차갑게, 아니면 뜨겁게?

전통과 습관에 따르면 젖병은 미지근해야 했다. 30℃에서 35℃ 사이로 체온보다 약간 더 낮다. 그러나 신생아들은 그보다 더 낮은 온도의 젖병을 잘 받아들인다. 그래서 산부인과 병원과 어린이집, 병원 담당부서 등에서 상온의 우유를 주는 경향이 있다. 젖병을 준비하는 것도 간단해지고 화상을 당할 위험도 없어진다. 그렇지만 냉장고에서 바로 꺼낸 젖병을 사용하는 것은 피해야 한다. 다시 데우려면 젖병 데우는 기구를 이용할 수 있다.

ㅡ아기가 충분히 먹는 걸까?

아기들이 초기에 무척 울고, 부모들은 항상 배고파서 그러는 것이라고 믿기 때문에 더더욱 부모들이 가장 궁금해 하는 질문이다.

아기는 우유를 충분히 먹는 것일까? 아기가 젖병으로 우유를 먹을 때는 오히려 대답하기가 어려울 수도 있는 질문이다. 아기가 엄마 젖을 먹을 경우에는 스스로 알아서 자신에게 필요한 양만큼 먹기 때문이다. 엄마는 경험을 통해서 아기가 자신에게 필요한 것을 누구보다 잘 안다는 사실을 안다. 그러나 젖병으로 크는 아기들의 경우에는 주어진 우유의 양이 아기의 욕구에 맞추어진 것인지 아닌지 확신하지 못한다. 어떤 아이들은 몸무게나 나이가 같은 다른 아기들보다 더 많은 우유를 필요로 하며, 심지어는 1/3이나 더 먹는 경우도 있다.

이런 상황에서 아기가 잘 먹고 있는지를 어떻게 알 수 있을까?

● 체중이 규칙적으로 늘어날 때. 처음 세 달 동안은 매주 200g씩, 그 다음 세 달 동안은 매주 150g씩, 6개월에서 1년 사이에는 매주 100g씩 는다.

- 하루에 한두 차례씩 비교적 단단하고 연한 노란색을 띠며 덩어리진 정상적인 똥을 눌 때. 유아용 우유를 먹으면 똥은 모유를 먹는 아이가 누는 똥에 가까워진다. 아기가 흰 똥을 누면 의사와 상담해야 한다.
- 안색이 좋을 때.

이럴 경우에는 아기가 잘 먹고 있다고 할 수 있다. 이럴 경우 아기는 우유를 달라고 요구하지 않는다. 거의 울지도 않고 소리도 지르지 않는다. 잠도 잘 잔다. 한 마디로 말하자면 자신의 운명에 만족스러워하는 표정을 짓고 있는 것이다.

아기가 계속 자기 젖병에 든 우유를 다 먹지 않을 경우에는 소아과의사와 상담해야 한다. 감기, 아구창 같은 입안 감염 같은 일시적인 원인 외에 오직 의료검사만이 밝혀낼 수 있을 다른 원인도 있기 때문이다.

－소화불량이 생기면?

조제분유를 먹는 어린아이의 소화는 몇 가지 문제를 일으킬 수 있는데, 대부분 사소하지만 몇 가지는 심각하므로 모든

문제는 의사에게 알려야 한다. 처리과정을 거쳤음에도 불구하고 우유는 여전히 소화시키기 어려울 때가 있다. 여러 가지 장애 중에서도 가장 심각하게 생각해야 하는 것은 설사다. 가장 자주 일어나는 변비는 심각하지 않다. 마신 우유가 다시 올라오는 것을 구토와 혼동하지 말아야 한다. 우유의 역류는 트림과 함께 잘 일어난다. 배앓이는 아마도 아기를 많이 걱정시킬지 모르며 그 여파로 엄마도 걱정에 빠질지 모르지만 불안해할 필요 없다. 대부분 4개월 이후에는 사라질 것이다.

－먹던 젖병을 주어도 될까?

우유를 먹고 나서 10~15분 후에는 주어도 된다. 그러나 다시 데운 젖병을 30분 이상, 상온에 둔 젖병을 1시간 이상 두었다가 먹여서는 안 된다.

－언제 양을 늘릴까?

아기가 배불리 먹지 않았다는 것을 확인하면 양을 늘린다. 젖병에 든 우유를 다 마셨는데도 아기가 계속해서 울며 우유를 먹으려고 하면 양을 늘릴 때이다.

- 젖꼭지 상태는 어떻게 확인할까?

우유를 먹이는 부모들을 당황시키는 문제는 대부분 젖꼭지 때문에 벌어진다. 우유가 너무 빨리 흐르는 젖꼭지가 있는가 하면 너무 천천히 흐르는 젖꼭지도 있다. 젖꼭지에 구멍이 적당하게 뚫려있는 것을 확인하려면 젖병을 뒤집어본다. 우유가 한 방울씩 아주 빠르게 떨어져 나와야 한다.

● 우유가 한꺼번에 많이 나오면 젖꼭지에 구멍이 너무 크게 뚫려있는 것이다. 아기는 우유를 너무 빨리 먹게 되고, 우유만큼의 공기도 마셔 결국에는 우유를 토하게 된다. 구멍이 너무 크게 뚫린 젖병은 가지고 있다가 걸쭉한 이유식을 할 때 쓰면 된다.

● 우유가 너무 조금씩 나오면 아이는 피곤해져서 젖병을 다 비우지 못한다.

● 젖꼭지에 구멍은 제대로 뚫려있는데 우유가 흐르지 않는 경우가 있다. 뚜껑을 한번 열어 공기가 젖병 안으로 들어가야 한다.

● 조절할 수 있는 구멍이 있는 젖꼭지는 식탐이 강한 아기에게나 잠들어 있는 아기 모두에게 실용적이다. 젖꼭지의 위치에 따라 우유는 천천히 나올 수도 있고 중간 속도로 나올 수도 있고 빠르게 나올 수도 있다.

● 젖병과 같은 상표의 젖꼭지를 사야 잘 맞는다. 젖꼭지는 금방 물러지니 자주 바꿔야 한다.

이유식 시작하기

다양한 식품을 먹는 것은 아이의 성장발달 뿐만 아니라 감각신경, 운동신경의 발달과 심리적, 사회적 발전에도 꼭 필요한 일이다. 이유식을 언제 어떻게 시작하는 것이 좋은지 알아보자.

4개월에서 6개월 사이

6개월이 될 때까지 오직 모유 수유만 했다면 1, 2개월의 시간 간격을 두고 음식을 도입해야 한다.

이 기간 동안에 중요한 사건들이 일어나고 새로운 것이 등장한다. 우선 아이는 어른 같은 시간표를 제대로 갖게 된다. 서서히 네 끼의 식사로 옮겨가는 것이다. 네 끼 식사로의 이행은 아기에 따라 다르다. 보통 일반적인 규칙을 가르쳐주지만, 의사는 아기에 따라 조금 더 기다리거나 조금 더 일찍 할 것을 권할 것이다. 아이는 새로운 맛과 음식의 질감을 조금씩 알아나가며 숟가락으로 먹기 시작한다. 하루나 이틀 채소 간 것으로 시도를 해보되, 아이가 거부하면 그냥 관두고 며칠 뒤에 다시 시도한다.

TiP

아기의 월령

아기의 월령을 말할 때는 만으로 계산하여 지나간 개월 수를 가리킨다. 예를 들어 4개월은 태어난 지 5개월 초를 의미하는 것이다.

모유나 우유

모유나 210ml씩 젖병 네 병, 또는 180ml씩 다섯 병의 우유를 먹인다.

채소

채소를 서서히 도입하여 점심식사 때 아기에게 준다. 처음에 시도해야 할 채소는 우선 당근과 파의 흰 부분이고, 그 다음에는 콩깍지와 시금치, 씨를 빼고 껍질을 벗긴 호박, 브로콜리다. 아주 작은 콩과 연한 꽃상추, 연한 근대도 사용할 수 있지만, 이런 채소에는 섬유질이 많이 함유되어 있어 너무 많이 주지는 말아야 한다. 아이가 각 채소의 맛을 아는 법을 배울 수 있도록 한 번에 채소를 한 가지씩만 주는 것이 중요하다. 감자를 약간 넣어서 진하게 만들 수도 있다.

신선한 채소나 소금을 넣지 않고 자연 상태로 냉동시킨 채소, 또는 아기용 작은 병제품을 사용할 수도 있다. 성인용 통조림은 너무 짜서 사용하면 안 된다.

직접 채소를 준비할 경우 아기가 채소 맛에 익숙해지게 할 수 있는 방법은 채소를 익힌 육수로 점심식사용 우유를 타는 것이다. 그 다음 며칠 동안 믹서에 간

채소를 소금을 치지 않고 찻숟가락 하나로 시작하여 하나씩 늘여 우유에 섞는다. 그러면서 우유의 양은 조금씩 줄여나가면 2, 3주일 뒤에는 우유 150ml와 채소 100g으로 만들어진 걸쭉한 수프를 먹일 수 있다.

병제품을 이용할 경우에도 같은 식으로 하면 된다. 걸쭉해 질 때까지 채소를 찻숟가락으로 하나씩 늘이면 우유 150ml에 병제품에 든 채소 100g이 된다. 우유나 모유 수유를 보충하는 의미에서 채소를 직접 줄 수도 있다.

아이의 첫 1년 동안은 모든 음식에 소금을 넣지 않는 것이 좋다. 1년이 지난 뒤에는 소금을 약간 넣어도 된다.

과일

처음으로 채소를 주고 난 뒤 2, 3주일 뒤에 잘 익은 과일의 껍질을 벗긴 다음, 설탕을 넣지 않고 익혀서 믹서에 갈거나, 병제품으로 된 과일 졸임을 줘도 된다. 우선 점심이나 오후에 모유나 우유를 먹일 때 과일 졸임을 찻숟가락으로 한두 개 준다. 채소를 줄 때와 마찬가지로 한 번에 한 가지 과일만 넣고, 경우에 따라서는 바나나나 사과를 약간 섞어 걸쭉하게 만들어도 된다.

6개월에서 7개월 사이

6개월부터 아기는 잔으로 마실 수가 있다. 그러나 아기가 잔을 마음에 들어 하지 않으면 굳이 더 권하지 말고 나중에 다시 시도한다.

고기

아기는 처음으로 껍질을 벗겨낸 닭고기, 소고기 등 고기를 맛볼 것이다. 가공된 돼지고기나 지방이 많은 고기, 허드레 고기는 피해야 한다. 고기는 믹서에 간 다음 아기가 맛과 질감을 구분할 수 있도록 채소와 따로 주어야 한다. 처음에는 찻숟가락 하나로 시작한 다음 양을 조금씩 늘려 찻숟가락 서너 개, 10~20g까지 늘린다.

유제품

모유나 우유는 여전히 아이의 주식이다. 양을 지나치게 줄이지 않도록 유의해야 한다. 간식 시간에 우유 100~120ml 대신 설탕을 넣지 않은 플레인 요구르트를 한 숟가락 주거나, 아기용이나 성장기 자연 치즈를 조금 주어도 된다. 그러나 성장기 유제품에는 설탕이 지나치게 많이 들어가는 경향이 있으니 주의한다.

TiP

우리나라 6~7개월 아기들의 쌀 이유식

불린 쌀에 8~10배의 물을 붓고 믹서에 갈아서 미음보다 조금 더 걸쭉한 죽을 끓인다. 채소나 고기를 갈아서 조금씩 섞어 끓인다. 재료는 한 가지씩만 추가해서 반응을 살펴본다.

7개월에서 8개월 사이

생선

고기 대신에 대구나 생태, 광어, 도다리, 서대, 연어 등, 생물이나 가공하지 않고 냉동된 생선을 줄 수 있다.

달걀

잘 익힌 달걀의 흰자와 노른자는 고기를 대신할 수 있는데, 고기 10g 대신 달걀 1/4 쪽이면 적당하다.

과일

잘 익은 생과일의 껍질을 벗긴 다음 으

깨어 믹서에 갈아 과일 졸임 대신 이따금씩 아이에게 준다. 설탕은 넣지 않는다. 알레르기를 일으키는 과일은 아이가 돌이 될 때까지는 주지 않는 것이 좋다.

치즈

잘게 간 자연 치즈를 손가락 끝으로 집어서 죽이나 수프에 넣어주면 치즈 맛에 익숙해진다.

> **TiP**
>
> **우리나라 아기들의 7~8개월 쌀 이유식**
>
> 불린 쌀에 8배의 물을 넣고 믹서에 갈아 끓인다. 중기 이유식은 초기처럼 곱게 갈지 말고 밥알 조각이 조금 씹히게 간다. 채소와 육류를 다양하게 첨가해 준다.

9개월에서 12개월 사이

아이는 작은 조각들을 먹기 시작할 것이다. 감자를 어떻게 씹거나 삼키는지를 보면서 포크를 가지고 처음에는 잘게, 그러고 나서는 조금 더 굵은 조각으로 으깬다. 바나나나 치즈 등 녹는 식품도 이런 식으로 해서 준다. 조각낸 고기는 나중에 준다. 아이가 이가 나오고 씹음에 따라 믹서에 간 점도에서 정상적인 점도로 넘어간다. 18개월에서 24개월 사이에는 모든 음식을 어려움 없이 씹을 줄 알아야 하므로 이 때부터 씹을 수 있도록 준다.

작은 조각들을 접시에 준비해놓으면 아이가 손가락으로 집을 것이다. 아기는 혼자서 음식물을 입에 가져가는 것을 좋아한다. 처음에는 지저분할 테지만 아이를 원망해서는 안 된다. 서서히 잘 먹게 될 테니 말이다.

채소

토마토 과육과 아티초크, 가지, 셀러리, 파슬리, 양배추 등 새로운 채소를 실험해 볼 수 있다. 감자를 약간 섞어 점성을 줄 수도 있다. 아이가 받아먹으면 믹서에 간 생채소나 생과일을 식사를 시작할 때 두세 숟가락 줘도 좋다.

치즈

얇게 썬 자연 치즈나, 녹은 치즈를 바른

빵 조각을 가끔 아이에게 준다. 생우유를 쓴 치즈는 2~3세까지는 피해야 한다.

TiP

우리나라 9~12개월 아이의 쌀 이유식

후기 이유식으로 밥알의 모양이 남아있게 죽을 끓인다. 불린 쌀에 5배의 물을 붓고 끓이거나 어른들이 먹는 밥에 물을 더 부어 끓이면 된다.

12개월에서 24개월 사이

12개월은 아린아이의 발전에 있어 중요한 단계가 시작되는 시기다. 첫 걸음을 떼기 시작하면서 더 많이 움직이는 것이다. 이가 돋아나고 점점 더 많아지면서 더 단단한 조각들을 씹을 수도 있다. 소화 능력도 발달하여 이제는 거의 모든 것을 먹을 수가 있다. 어린아이의 영양섭취는 균형이 잡히고 다양하기만 하다면 가족과 비슷해진다.

우유

하루에 3인분의 유제품을 우유와 요구르트, 치즈의 형태로 줄 것을 권장한다.

12개월째에는 지방분을 추출하지 않은 우유나 성장기 우유로 대신하는데, 아이가 원하는 대로 젖병이나 잔에 따라 준다. 성장기 우유와 유제품은 다양하게 먹지 않거나 아주 적게 먹는 아이에게 특히 권장된다. 이런 우유에는 필수 지방산과 철분이 풍부하게 들어있기 때문이다. 요구르트와 크림치즈, 자연 치즈는 설탕을 섞지 않거나 아주 적게 섞어서 주어야 한다. 설탕은 조금이라도 덜 들어간 것을 고른다.

고기, 생선, 달걀

만 1세에서 2세 사이에는 하루에 고기나 생선 25~30g이나 달걀 반쪽으로 충분하다. 만 2세에서 3세 사이에는 양이 하루에 30~40g이나 달걀 하나로 늘어난다. 저녁식사 때 고기와 생선, 달걀을 줄 필요는 없다. 식품의 구성도 달라진다. 믹서로 간 것은 사라지고 작은 조각으로 자른 것이 등장하는 것이다. 돼지고기 제품과 빵가루를 입힌 생선, 그리고 다른 튀김류는 1주일에 한 번으로 제한되어야 한다. 이 식품들에는 실제로 지방이 많이 함유되어 있다.

채소와 과일

지금까지는 으깨거나 믹서에 갈았던 채소도 서서히 작은 조각들로 만들어준다. 하루에 최소 두 개의 채소와 두 개의 과일을 줘야 한다. 이제는 모든 채소가 다 허용되고 모든 과일을 맛볼 수 있다.

전분질 채소, 시리얼

아침식사 때 버터나 잼을 바른 빵과 시리얼을 줄 수 있다. 감자와 면류, 녹말가루도 익힌 채소와 섞어서 먹을 수 있다. 콩류는 믹서에 갈거나 죽이나 수프로 만들어 준비한다. 대부분의 아이들은 완두콩을 두 쪽으로 쪼개 말린 다음 익혀 으깬 것을 무척 좋아한다. 식사 때마다 빵을 조금씩 먹는 습관을 들이는 것도 좋다.

지방성 식품

생채소 샐러드를 만들 때, 또는 요리를 삶거나 구울 때 여러 가지 식물성 기름으로 맛을 내고, 가공하지 않은 버터를 조금만 첨가한다.

마실 것

기본적인 음료는 항상 물이다. 시럽이나 탄산, 설탕이 들어간 물은 어쩌다 한 번씩 먹여도 괜찮다.

> **TiP**
>
> **우리나라 12~24개월 아이의 쌀 이유식**
>
> 무르게 지은 진밥에 반찬과 국을 먹을 수 있다. 국과 반찬에 간을 약하게 하기 시작한다. 맵고 짜지 않은 어른 반찬을 조금씩 먹일 수 있다.

24개월 이후

아침, 점심, 간식, 저녁의 네 번의 식사가 최소한 청소년기가 될 때까지는 아이의 하루에 리듬을 줄 것이다. 아침식사와 간식처럼 간단한 식사는 하루를 잘 시작하게 해주고 오후에 한 차례 휴식을 취하면서 몸과 마음을 회복시킬 수 있다는 의미에서 중요하다.

아침식사는 아이가 아침을 활기차게 시작하도록 한다. 아침을 먹지 않으면 11시쯤 피곤해져서 활기가 줄어든다. 간식은 건강을 위해서 너무 기름지지 않고 설탕이 많이 들어가지 않은 음료와 음식으로 준다.

이제 아이가 어떤 단계들을 거쳐 모든 것을 먹게 되는지를 알게 되었다. 단계들은 대부분 평균과 일치하지만, 아이에 따라 큰 차이가 있기 때문에 각 아이의 욕구에 따라 변화가 가능하다. 5개월부터 허기가 진 아이도 있고 5, 6개월이 될 때까지 젖이나 우유만 먹는 아이도 있다. 식사 횟수를 줄인다거나, 액체에서 걸쭉한 것으로, 다시 조각들로 옮아간다거나, 잔이나 숟가락을 사용하는 것도 아이마다 다 다르다. 적절한 순간을 포착하거나, 필요할 경우에는 참고 기다려야 한다.

아이 성장에 꼭 필요한 영양소

모유 수유와 분유 수유, 이유식 시작하기를 통해서도 쭉 살펴봤지만, 아이 성장을 위해서는 여러 가지 영양소가 고루 필요하다. 여기에서는 아기 성장에 꼭 필요한 영양소에 대해 다시 한 번 정리해보면서, 이 영양소들이 함유된 음식물에 대해 알아보자.

모든 연령에 꼭 필요한 식품 : 우유

우유는 기초식품이다. 단백질과 칼슘, 당분, 지방분을 공급해주기 때문이다. 다양한 음식을 먹더라도 계속 우유를 마시고 유제품을 먹어야 한다. 하루에 500mg의 우유나 그만큼의 유제품을 먹는다. 어린 아이의 우유에 대한 욕구는 엄청나다. 아이가 하루에 자기 몫의 우유와 유제품을 먹으면 우유를 음료로 추가할 필요가 없다. 안 그러면 영양을 지나치게 공급받게 된다.

우유가 아닌 우유

씨앗이나 곡물을 주성분으로 해서 만들어지는 몇 가지 식물성 음료를 흔히 식물성 우유라는 이름으로 잘못 부른다. 이 음료들은 우유와 색깔만 같을 뿐, 모유에 최대한 가까워지고 아이의 욕구에 부합하기 위해 영양 성분을 규정한, 갓난아이를 위한 준비물에 부합하지 않는다. 이것은 다른 영양 특성을 가진 제품이며, 포장에 쓰여 있는 것과는 반대로 식물성 음료는 우유의 대용품도 아니고 대체품도 아니다. 문제는 주로 칼슘에서 나타난다. 우유를 식물성 음료로 대체할 경우 위험할 수도 있는 칼슘부족을 일으키며, 한창 성장하고 있는 어린아이의 경우는 특히 위험하다. 이 음료들은 모유나 어린아이용 우유를 대체할 수 없으며, 아기에게 먹이는 것은 피하는 것이 좋다.

채소

채소는 약간의 당분과 섬유질을 제공해주며, 비타민C, B9, 베타카로틴과 미네랄의 원천이다. 채소에 풍부한 비타민C를 유지하기 위해서는 몇 가지 주의할 사항이 있다. 흐르는 물에 채소를 씻고, 물속에 채소를 담가놓지 말아야 한다. 최대한 빨리, 물은 최대한 적게 넣고 익히는 것이 좋다. 압력솥에서 증기로 익히고, 조각으로 자르지 말고 통으로 익히는 것이 좋다.

6개월까지는 아이의 영양 요구가 모유나 우유로 충족되기 때문에 아기의 영양섭취에 채소를 도입하는 것은 새로운 맛을 발견할 수 있도록 해주는 것이다. 조제분유를 먹고 자라는 아기의 경우에 특히 그렇다. 섬유질이 풍부한 채소는 돌이 지난 후에 주어야 한다.

아기에게 먹여야 할 첫 번째 채소는 당근이다. 설사를 할 때 죽으로 끓이거나 익혀서 으깨어주면 좋다. 당근에는 카로틴이 풍부하게 들어있어서 당근을 자주 먹을 경우 피부가 오렌지 빛을 띤 노란색을 띨 수도 있다. 그러나 심각한 것은 아니니 걱정하지 않아도 된다.

당근을 먹은 아이의 똥에 작은 조각들이 들어 있는 것은 정상이다. 시금치를 먹은 아이들의 똥이 초록색을 띠고 당근을 먹은 아이의 똥과 오줌이 붉은색을 띠는 것 역시 정상이다.

전분

쌀, 감자, 면류, 말린 채소, 빵은 주로 전분을 공급해준다. 감자는 아이의 영양섭취에서 큰 위치를 차지한다. 아이들은 감자튀김을 무척 좋아하지만 감자튀김은 증기로 찐 감자보다 칼로리가 네 배나 더 높으므로 어쩌다 한 번씩만 먹어야 한다. 감자튀김은 소금을 거의 뿌리지 말아야 하고, 기도에 걸리지 않도록 물렁물렁해야 한다. 포테이토칩은 먹이면 안 된다.

말린 채소나 콩에는 전분 외에도 단백질과 철분이 들어 있지만, 섬유질이 함유되어 있기 때문에 소화시키기가 더 어렵다. 18개월이 될 때까지는 말린 채소를 주지 말고, 믹서에 갈아 죽으로 만들어 주는 것이 좋다.

밀, 호밀, 귀리, 보리 등 몇 가지 곡물 속에 함유되어 있는 단백질인 글루텐은 심각한 장애를 부르는 알레르기 반응을 일으킬 수도 있다. 위험을 무릅쓰지 않기 위해서는 처음 6개월 동안은 글루텐이 들어가지 않은 곡물을 사용할 것을 권장한다.

과일

채소와 마찬가지로 과일에도 여러 가지 비타민이 함유되어 있는데, 주로 비타민C가 많이 들어있다. 과일에는 음식물의 장내 통과를 조절하는 섬유질과 당분도 함유되어 있다.

어린아이용 우유에는 비타민C가 풍부하게 들어 있으므로 6개월 이전에는 과일주스를 줄 필요가 없다. 4개월과 6개월 사이에는 과일 졸임을 숟가락으로 떠먹여주고, 생과일은 그보다 조금 더 나중에 먹인다.

아몬드나 땅콩 같은 견과류를 어린아이에게 먹이거나 어린아이의 손이 닿을만한 곳에 놔두는 것은 위험한 일이다. 숨이 막힐 위험이 있다.

고기, 생선, 달걀

소고기와 간은 단백질과 철분의 주요 공급원이다. 아기는 6개월쯤부터 고기와 생선, 달걀을 먹기 시작한다. 반숙 달걀은 1년이 지나고 나서 주어야 한다. 단백질과 철분이 풍부한 돼지고기 제품은 지방도 많이 함유하고 있기 때문에 아기에게는 제한한다.

고기와 생선은 항상 기름 없이 충분히 익혀서 주어야 한다. 날 생선은 중독될 위험이 있으니 만 3세가 될 때까지는 절대 먹이지 말아야 한다. 청새치와 황새치 같은 대형 생선의 경우 수은이 함유되어 있으니 30개월까지는 먹이지 않는 것이 좋다.

요구르트

요구르트는 우유를 주성분으로 하여, 유당의 일부를 젖산으로 변화시키는 유산균 작용에 의한 발효로 얻어진다. 125g짜리 요구르트 한 병은 우유 150ml와 동등한 단백질과 칼슘을 제공한다. 아기는 6개월과 7개월 사이에 아무 것도 첨가되지 않은 요구르트를 몇 수저 맛볼 수 있다. 아이가 우유를 싫어할 경우 요구르트와 성장기 유제품이 훌륭한 대체식품이 될 수 있다.

치즈

대부분의 치즈는 아주 적은 양이라도 탁월한 미네랄 공급원으로서, 특히 어린아이의 발육 성장에 필수적인 칼슘의 공급원이다. 에멘탈 치즈 20g은 우유 200ml에 해당하는 칼슘을 제공해준다. 우유와 마찬가지로 치즈에는 단백질과 지방이 함유되어 있다. 7~8개월 때 단단한 자연 치즈와 구운 치즈부터 시작한다. 9개월에서 12개월 사이에 작은 조각들을 먹을 수 있으면 바로 다른 치즈들을 얇게 썰어 준다. 염분과 첨가물이 많은 슬라이스 치즈는 조심한다.

콩을 주성분으로 하는 식품

콩을 주성분으로 만든 제품에는 아이들의 성장과 성적 성숙, 미래의 수태 능력에 해로운 결과를 미칠 수도 있는 피토에스트로겐이 함유되어 있다. 콩을 주성분으로 하는 제품 중에서 피토에스트로겐 함유량이 높은 음식을 만 3세 이하의 어린아이들에게 먹이지 말 것을 권장한다.

지방질 물질

지방질 물질은 아이가 성장 및 뇌와 신경계의 발달을 보장하기 위해 필요로 하는 지방과 칼로리를 제공한다. 버터에는 비타민A와 D가 함유되어 있다. 유채, 콩, 호두 등의 식물성 기름은 필수지방산을, 밀싹, 해바라기 기름은 비타민E를 제공한다.

지방은 꼭 필요하지만 적당히 섭취해야 한다. 7개월 때부터는 기름을 조금씩 먹을 수 있다.

사탕, 아이스크림, 비스킷

설탕이 들어간 제품은 많은 당분과 칼로리를 제공한다. 누구나 사탕, 특히 밤에 먹는 사탕이 충치를 만든다는 걸 안다. 설탕이 밤새도록 이 사이에 끼어있기 때문이다. 게다가 아이가 빨거나 깨물 줄 모를 경우에는 사탕을 잘못 삼켜서 사탕이 위로 내려가는 대신 기도로 들어갈 수도 있어서 아주 위험하다. 아이에게 사탕을 전혀 안 줄 수는 없겠지만, 적당히 주어야 한다.

2~3세 이전에는 가능하면 아이스크림을 주지 않는 것이 좋고, 혹시 줄 경우에는 품질이 좋은 아이스크림을 선택한다. 냉동유통체계가 항상 잘 준수되는 것은 아니다.

가게에서 파는 비스킷의 거의 대부분은 지방과 설탕이 많이 들어있다. 아이스크림과 마찬가지로 비스킷을 아이에게 계속 주어서는 안 된다.

마실 것

반드시 필요한 유일한 음료는 탄산가스
도 함유되어 있지 않고, 설탕도 넣지 않
고, 향도 넣지 않고, 감미료도 첨가하지
않은 그냥 물이다. 탄산, 설탕, 향이 들어
간 물은 불필요한 칼로리가 지나치게 들
어가 있기 때문에 어쩌다 한 번씩만 마셔
야 한다.

비만과 알레르기 예방하기

최근에는 유아 비만이 큰 문제가 되고 있다. 환경오염으로 알레르기도 급증하는 추세다. 이런 문제들은 올바른 식습관만으로도 충분히 예방할 수 있으며, 아이의 건강을 위해서도 꼭 점검할 필요가 있다.

비만을 방지하기 위한
몇 가지 조언

아이의 비만은 모든 나라에서 증가하고 있다. 아이들의 14~16%가 과체중으로, 15년 만에 그 비율이 두 배로 증가하였다. 비만이 공공건강의 주요한 문제가 된 것이다. 균형 잡히지 않은 지나친 영양섭취와 지나치게 집안에만 틀어박혀 지내는 생활 등의 위험 요인은 종종 결합되기도 한다. 아이들의 과체중을 방지하는 가장 좋은 방법은 좋은 영양섭취 습관을 들이는 한편 움직이고 체력을 쓰는 습관을 갖도록 만드는 것이다.

• 군것질에 조심한다. 아이들은 텔레비전에서 본 달거나 기름지며 칼로리가 너무 높은 식품들, 비스킷, 초콜릿 바, 칩, 탄산음료 등에 점점 더 큰 유혹을 느낀다. 군것질은 비만의 위험에 빠질 수 있는 중요한 요인이다. 또 텔레비전을 지나치게 오래 보면 아이는 체력을 쓸 수가 없게 된다.

• 아이가 걷기 시작하면 바로 유모차에서 끄집어내어 달릴 수 있도록 공원에 가자. 아이가 더 크면 나이에 맞는 활동을 권유하는 클럽에 등록시키기 바란다. 어린이집이나 학교에 갈 때는 걸어서 간다. 아이가 움직이게 만드는 가장 좋은 방법은 함께 걷는 것이다.

알레르기의 위험이 있을 때 주의사항

부모나 형제자매가 알레르기를 앓고 있을 경우 아이도 알레르기를 앓을 위험이 있다. 아이 역시 알레르기 환자가 되는 일이 없도록 태어나서부터 만 3세까지 간단하지만 중요한 몇 가지를 지키는 것이 좋다.

• 가능하면 모유를 먹일 것을 권장한다. 여의치 않을 경우 의사가 권하는 저알레르기성 우유를 먹인다. 콩이 들어간 제품과 염소, 양의 젖 등은 피한다.

• 영양섭취를 다양화하기 위한 이유식은 아이의 나이가 6개월이 될 때까지 기다린다.

• 키위나 셀러리, 게나 가재 같은 갑각류, 호두, 아몬드, 개암 등 몇 가지 위험한 식품은 아이의 나이가 12개월이 지난 뒤에 준다. 땅콩은 만 4세 이후에 먹어야만 알레르기의 위험에서 벗어날 수 있다.

• 새로운 권장사항에 따르면 7개월부터는 달걀과 생선을 먹어도 된다.

• 어떤 재료를 쓰는지 알 수 있기 때문에 요리는 집에서 하는 것이 좋다. 이미 만들어져 나오는 요리에는 알레르기를 일으키는 재료가 들어갈 수도 있다.

• 우유 단백질에 대한 알레르기는 조기에 나타날 수도 있다. 형제 중 한 명이 이런 알레르기 반응을 보인다면 아기가 태어나자 곧 의사에게 알려야 한다. 이 경우 모유를 먹일 것을 강력히 권유한다. 그럴 수가 없을 때는 저알레르기성 우유를 먹여야 한다.

영양섭취 문제 해결하기

아이는 충분히 먹었을까? 소화는 제대로 시켰을까? 배가 고파서 우는 것일까, 아니면 강낭콩이 소화가 되지 않아서 우는 것일까? 어떻게 해야 아이가 변화를 받아들일 수 있을까? 왜 아이가 먹으려고 하지를 않는 것일까? 부모들은 매일 같이 이런 의문을 품는다.

아이가 배고파서 울 때

규칙적으로 운다. 젖을 먹기 15분 전에, 그리고 대개 젖을 먹고 나서 바로 우는 경우다. 엄마의 젖가슴이나 젖병에 탐욕스럽게 덤벼드는 걸 보면 알 수가 있다. 아이가 기운차게 우는 걸 보고 알 수도 있고 아이 울음소리의 특별한 음색을 듣고 알 수도 있다. 엄마는 아기의 음색을 금세 알아듣는다. 배고파서 운다는 확신이 들면 모유를 더 먹이거나 우유를 30ml 정도 더 준다.

그 외 아기가 음식 때문에 우는 이유

- 너무 빨리 먹었다. 우유를 먹는 아이의 경우에 많다. 아이가 공기를 덜 마시도록 젖꼭지에 난 구멍의 숫자를 줄이고 수유 도중에 두 세 차례 쉬고 트림을 시킨다.
- 목이 마르다. 여름이거나 방이 지나치게 더울 때, 또는 아이에게 열이 있으면 특히 목이 마르니 마실 것을 준다.

아이가 배가 아파서 울 때

아이가 다리를 올려 배에 갖다 댄다. 배에 가스가 차서 배가 불룩하다. 가끔은 안색이 창백해지기도 한다. 대체로 정해진 시각에 운다.

변화를 어떻게 받아들이도록 할까?

2개월에서 12개월 사이에 아기는 시간표를 계속해서 바꿔간다. 식사 회수가 여섯 번에서 다섯 번으로, 그리고 나서 네 번으로 바뀌는 것이다. 음식도 바뀐다. 우유만 마시던 아이가 다양한 음식을 먹는 것이다. 엄마의 젖을 빨거나 젖병의 젖꼭지 빠는 법을 배워야만 했던 아이가 숟가락을 사용하는 법에 이어 컵으로 마시는 법을 배우는 것이다.

그런데 이런 변화는 아이를 당황하게 만들 수도 있다. 게다가 6개월에서 12개월 사이에 이가 나면서 기분이 몹시 안 좋기 때문에 새로운 것에 대한 노력을 잘 할 수가 없다. 변화를 주려면 주의를 기울여야 한다.

언제 바뀔까?

평균 체중의 아기들을 위해 맞춰진 일반적인 원칙들이 있다. 태어나고 나서는 하루에 여섯 번씩 식사를 했던 아이는 3개월쯤에는 다섯 차례 식사를 하고, 4~5개월쯤에는 네 차례 식사를 한다. 모든 아기들에게 다 맞는 것은 아니지만 쓸모없는 정보는 아니다. 아이가 변화를 받아들일 준비가 되어 있는지, 변화를 앞당겨야 할지 연기해야 할지를 의사가 결정할 것이다. 2개월부터 하루에 다섯 번씩 식사를 하는 아이도 있고, 5개월 때까지 계속 하루에 다섯 번씩 식사를 하는 아이도 있다. 아기도 자신의 욕구를 보여줄 줄 안다.

어떻게 바꿀까?

새로운 음식을 도입하는 것이나 이미 주기 시작한 음식의 양을 늘리는 것이나 모든 변화의 큰 원칙은 서서히 진행하는 것이다. 아이의 입맛이나 위를 적응시키기 위해 느린 변화가 필요하다. 바꿔 말하자면, 모든 변화는 단계적으로 이루어져야 한다는 것이다. 채소가 아이 음식에 조금씩 도입되는 방법이 그 좋은 예이다.

이 원칙은 모든 음식에 다 적용되어야 한다. 찻숟가락 하나에서 시작해 둘, 셋으로 늘인다. 아이에게 씹는 법을 가르쳐 줄 때도 마찬가지다. 처음에는 아주 작은 조각을 주다가 점점 더 큰 조각을 준다. 그래도 아이가 변화하는 데 어려움을 느낄 수도 있다.

음식에 변화를 시도하려면

- 단번에 변화시키려고 하지 않는다. 처음 먹는 두 가지 재료를 같은 날 같이 주어서는 안 된다.

- 적당한 순간을 선택한다. 아이가 피곤해하는 날이나 이가 날 때는 변화를 시도하지 않는다.

- 아이가 가장 배고파할 때 새로운 음식

을 준다.

- 실패할 경우에는 억지로 권하지 말고, 그렇다고 포기하지도 말자. 더 좋다고 느껴지는 순간에 다른 식으로 시도하면 된다.

- 아이의 리듬을 따르며 가끔씩 시도한다.

이유식을 잘 안 먹을 때 대처법

여러 조언을 따르더라도 어려움에 부딪치게 될지 모른다. 그런 어려움을 해결하도록 도와줄 몇 가지 조언이 있다.

이유식을 잘 안 먹을 때

- 아이에게 숟가락으로 음식을 먹이기 시작할 때는 작은 숟가락을 고르고, 가능하면 금속으로 된 것보다는 플라스틱으로 된 걸 고른다. 금속에 닿으면 아플 수도 있다. 아기가 음식을 뱉어내도 거부한다고는 생각할 필요는 없다. 그냥 새로운 도구에 놀란 것일 수도 있다. 아기를 도와주기 위해서 음식을 혀끝에 올려놓지 말고 입 한가운데 넣어

준다. 그래도 아이가 숟가락을 거부하면 억지로 권하지 말고 나중에 다시 시도한다.

- 새로운 음식을 아이가 이미 잘 받아먹는 음식에 섞는다.

- 아이가 원하면 혼자 먹게 내버려둔다. 아이는 10~11개월부터는 익힌 당근이나 바나나처럼 잘 녹는 식품을 집어서 자기 입속에 넣을 수가 있다. 처음에는 한두 조각만 주다가 양을 늘린다.

- 아이가 수저를 사용하고 싶어 하면 이 첫 번째 시도를 위해 걸쭉한 죽을 만들어준다. 플라스틱 숟가락과 냅킨을 주고 아이가 혼자 알아서 하도록 내버려두자. 물론 자기 몸과 옷을 더럽히기는 하겠지만, 시도해볼 기회를 가지면 더 잘 하는 법을 배우게 될 것이다.

아기가 모든 변화를 거부할 때

음식이든 도구든 아기는 모든 새로운 것을 거부한다. 처음에는 그게 정상이다. 아기는 새로운 것을 그다지 좋아하지 않기 때문이다. 그러나 아이가 계속해서 거

부한다면 단맛이나 짠맛으로 너무 갑작스럽게 뛰어넘었거나, 죽에서 덩어리진 음식으로 중간단계를 건너뛰었거나, 숟가락으로 먹으라고 억지로 시키는 등 지나치게 빨리 가려고 해서였는지도 모른다.

어떻게 해야 할까? 우선은 짜증을 내서는 안 된다. 흥분은 당장에는 확실한 실패를 만들고, 미래에는 아기와의 대립이 계속되게 만든다.

아이가 잔에 마시는 걸 거부하면

젖병을 주기 전에 좀 더 권해본다. 그 다음 날, 그 다음 다음 날, 다시 시도해본다. 그 동안에 빈 잔을 가지고 놀도록 준다. 뭐든지 다 입에 가져가는 나이여서 잔의 모양과 감촉에 곧 익숙해질 것이다. 유리나 금속으로 된 잔보다는 플라스틱으로

된 잔이 안전하다.

아이가 수저를 원하지 않으면

숟가락을 입안에 집어넣을 때 이가 나면서 부풀어 오른 잇몸에 부딪치지는 않는지 확인한다. 이런 경우가 자주 있다. 한두 번 더 시도를 해본 다음 며칠 뒤에 다시 시도한다.

아이가 특정 재료를 거부하면

마찬가지로 시간이 필요하다. 며칠 뒤에 다시 시도할 때는 넉넉한 양의 죽에 거부하는 재료를 아주 조금만 넣는다.

아기 체중에 문제가 없다면 음식과 관련된 문제도 심각하지 않다. 그런 문제는 일시적이며 항상 결국에는 잘 해결되기 때문이다. 아기에게는 습관의 문제이며, 부모에게는 끈기의 문제다.

아이의 식욕과 입맛의 변화

아기의 식욕은 중요한 문제다. 아이가 입맛을 잃으면 부모들은 불안해지는데, 기본적인 아기의 식욕과 입맛의 변화 과정을 알아두면 한결 편안해질 것이다. 이유 없는 식욕부진의 원인이 무엇인지도 함께 소개한다.

태어나서 5~6개월까지

아기는 자주 배가 고프다. 젖병에 달려들어 쭉쭉 빨아댄다. 몸무게를 한 달에 800g이나 1kg씩 늘리는 걸 목표로 급히 먹어치우는 것 같다. 그러다 이따금씩은 젖병이나 엄마 젖을 거부하기도 한다. 확실한 이유는 모르지만 어쨌든 드문 경우다. 모유 수유 시간을 바꾸거나 이유기 때 허기가 줄어드는 경우는 있다. 며칠이 걸리기도 하는 적응 기간이 끝나면 정상적으로 먹는다.

6개월에서 1년까지

아기는 아직도 무척 배가 고파하지만, 그

래도 식욕은 덜 왕성하다. 몸무게는 한 달에 300g씩만 늘어날 것이다. 그러고 나면 식욕을 감소시킬 수 있는 몇 가지 사건이 일어난다. 처음으로 이가 나기 시작하면서 아기를 고통스럽게 만드는 것이다. 아기에게 처음으로 고형 음식물을 준다. 씹는다는 것이야말로 진짜 수업이다.

1년에서 18개월까지

처음 몇 달 동안의 아주 빠른 발육은 안정되고, 식욕은 조절된다. 게다가 이제는 진짜 입맛이, 즉 몇몇 음식에 대한 입맛이 나타난다.

아기는 모든 것을 갑작스런 도약으로 습득한다. 입맛이라는 새로운 능력을 별 문제 없이, 또는 망설이면서도 순식간에 도약을 통해 습득할 수 있다. 그 결과 종종 어떤 음식을 거부하는데, 안 좋아해서일 수도 있고, 그냥 매일매일 발달하는 자신의 개성을 분명하게 내보이기 위해서일 수도 있으며, 자기가 먹지 않으면 엄마가 곤란해한다는 걸 알고 자신의 힘을 발휘하려는 것일 수도 있다.

이가 나거나 새로운 음식을 소개하면 그 전에도 그랬던 것처럼 식욕이 감소한다.

도 모른다.

18개월부터

아이는 대부분은 혼자서 뭐든지 다 먹는 데 익숙해진다. 이제 새로운 음식은 거의 없고 입맛이 조절된다.

만 2세 6개월부터

4장에서 말하게 될 심각한 개성의 위기 단계에서 아이는 다시 한 번 얼마동안 덜 먹을 수 있다. 아이로서는 부모가 자기에 게 관심을 기울이게 만드는 가장 간단한 방법이다. 이 점에 관해서 아기와 갈등을 벌이는 것보다는 다른 영역에 주의를 기 울여야 한다. 아이가 이따금씩 젖병이나 요리를 거부할 경우 앞에서 얘기한 대로 절대 억지로 먹이지 말아야 한다. 아이는 자기에게 필요한 것은 먹는다. 억지로 먹 이면 일시적인 식욕부진이 더 오래 갈지

다른 증상을 동반한 식욕부진

아이가 먹기를 거부할 때는 무엇보다도 발열과 콧물, 기침, 발진, 설사, 변비, 구 토 등 다른 증상이 있는지 봐야 한다. 젖 먹이의 경우에는 체중 곡선이 제 자리에 머무를 수도 있다.

이런 증상들이 나타나면 의사와 상담 한다. 의사가 어떤 병 때문에 아기가 식 욕을 잃었는지를 알아낼 것이다. 가장 흔 한 것은 전염병이다. 모든 전염병은 아이 의 식욕에 영향을 미칠 수 있다. 감기에 걸린 젖먹이의 경우 식욕부진은 이유가 눈에 보인다. 아기는 코가 막히면 입으로 숨을 쉬지만, 젖을 먹고 싶을 때는 숨을 쉬기가 힘들며 삼키는 것도 갑갑해하는 것이다. 그러면 아기는 먹는 것을 거부 한다.

잘못된 식생활 역시 식욕에 영향을 미 칠 수 있다. 양이 너무 많거나 너무 적을 때, 지나치게 걸쭉하거나 묽을 때 아기는

더 이상 견뎌내지 못한다. 어떤 음식을 받아들이지 못할 수도 있다. 아이의 이상적인 식생활을 정한다는 것이 항상 쉬운 것은 아니다.

식욕부진이 유일한 증상인 경우

아이가 평소보다 덜 먹는 것이 부모에게 충격을 주는 유일한 증상이고 다른 증상이 없다면 걱정할 필요 없다. 어른에게 이따금 일어나는 일이 아이에게도 일어난다. 아이는 평소보다 덜 배가 고프며, 아이들의 식욕은 어른들과 다를 바 없이 날에 따라, 식사 때마다 달라진다. 어른들처럼 아이들 역시 좋아하는 음식이 있고 싫어하는 음식이 있다. 게다가 아이들의 입맛은 잘 바뀐다. 어제까지는 당근을 맛있게 먹더니 오늘은 또 먹기 싫다고 거부한다. 가끔은 피곤한 게 이유일 수도 있다. 뭘 먹기보다는 우선 잠을 자고 싶은 것이다.

또 아이들의 식욕은 어떤 기간이나 어떤 상황에서는 감소하기도 한다.

자주 변하는 식욕

감기나 이가 나는 경우 외에 뚜렷한 원인을 알아낼 수 없을 때가 있다. 먹는 걸 거부하지 않지만 불규칙적으로 먹는 것이다. 한 번은 거의, 또는 전혀 먹지 않다가 그 다음 번에는 또 자기가 언제 그랬냐는 듯이 많이 먹는다. 단것을 달라고 했다가 그 다음에는 짠 것을 찾는다. 이런 경우에는 식욕이 정상으로 돌아올 것이므로 억지로 먹여서는 안 된다. 변덕스런 식욕에 맞는 것은 다양한 메뉴다.

아이가 식욕을 느끼는 음식을 찾아내지 못할 경우에는 아이를 데리고 가서 시장을 본다. 만 2~3세 이상에서 쓸 수 있는 또 한 가지 방법은 요리를 준비하는 데 도와달라고 부탁하는 것이다. 자기가 직접 소스나 달걀을 휘젓거나 바나나를 으깨면 아이는 무척 만족스러워하면서 자신이 만든 요리를 먹는다.

하지만 변덕스러운 식욕을 가진 아이가 식사 때 제 맘대로 먹도록 내버려둔다 하더라도 식사와 식사 사이에는 절대 아무것도 주면 안 된다. 간식을 주면서는 이 문제를 해결할 수가 없다.

아이의 식생활에 대한 몇 가지 충고

- 벌을 주겠다고 위협하거나, 선물을 주겠다고 약속하거나, 주의를 다른 데로 돌리기 위해 광대 짓을 해서 아이가 먹게 하려고 애쓰지 않는다. 한 숟갈만 먹으면 아빠가 무슨 짓이든지 한다는 사실을 알게 되면 아이는 몹시 기뻐하고, 그러면 식사는 그야말로 흥정이 되어버리고 만다. 아이는 배가 고프지 않거나 먹고 싶어 하지 않는 것이고, 다음 식사 때 못 먹은 것을 벌충할 것이다. 아이의 식욕을 존중해주는 것은 중요한 일이다.

- '너, 밥 안 먹으면'라는 식으로 음식을 갖고 협박하지 않는다. 설탕에 대한 유혹과 식사 거부를 강화시키는 결과를 낳을 수도 있다.

- 식사시간을 30분 이상 끌지 않는다. 아이가 거부한 것을 30분 뒤에 다시 먹으라고 함으로써 식사시간을 쪼개면 안 된다. 아이가 다음 식사 때 그만큼 덜 배고파할 지도 모른다. 그리고 식사의 시간 간격을 최대한 둔다. 필요할 경우에는 간식을 거르고 식사를 하루에 세 번만 준다.

- 아침에 배고파하지 않을 경우에는 일어났을 때 설탕물 한 잔이나 과일주스를 준다. 대부분 15분 뒤에는 배고파할 것이다.

- 어떤 부모들은 자기 아이가 먹지 않는 것을 정말 못 견딘다. 입맛이 돌아오기를 차분하게 기다리도록 애써야 한다.

의사와 상의해야 하는 경우

- 유아가 체중곡선이 8일이 넘도록 변화를 보이지 않을 때

- 초기에 병을 드러나게 할 수도 있을 증상이 나타났을 때

- 다른 증상을 보이지 않은 채 식욕부진이 한 달 이상 계속될 때

의사가 문제를 전혀 발견하지 못하거나 식욕부진이 음식을 거부하는 것이 될 때는 심리적 요인에서 비롯된 식욕부진일 수도 있다.

식사 분위기

아이의 접시에 뭘 놓아줄지에 대해서는 오랫동안 얘기했으니 이제 식사 분위기에 대해 몇 마디 할 차례인 것 같다.

식사는 규칙적인 시간에 조용한 분위기에서 이루어지는 것이 바람직하다. 아이가 숟가락을 가지고 혼자 먹기 시작하면 인내심을 발휘해야 한다. 식사 시간은 더 길어지겠지만, 2분에 한 번씩 아이에게 '빨리! 서둘러!'라고 말해서는 안 된다. 이 유기에는 다른 식구들이 식사를 하기 전이나 후에 식사를 하도록 하는 것이 바람직하다. 사실 만 2세까지는 깨끗하게 먹을 수가 없다. 그렇다고 해서 아이에게 끊임없이 지적해봤자 아무 소용없다. 아직은 그게 무슨 뜻인지 이해하지 못하기 때문이다. 게다가 그런 지적은 아이의 먹는 즐거움을 망치기까지 한다.

아이가 엄마보다 먼저 식사를 하거나 나중에 식사를 할 때 아이를 가까이 두고 싶으면 아이에게 조금씩 갉아먹을 수 있는 작은 빵 조각을 주어 의자에 앉힌다.

식사를 하면서 텔레비전을 보는 습관이 있는 가족은 잘 지켜보지 못 할 위험이 있으니 텔레비전 앞에 서는 식사를 하지 않는 것이 좋다.

식사는 흔히 가족이 함께 모여 그날 있었던 일에 대해 얘기를 나누는 유일한 순간이다. 텔레비전은 자기 직전의 아이들을 흥분시킬 위험이 있고, 텔레비전 앞에서는 대부분 아이들이 먹는 것에 더 이상 주의를 기울이지 않는다.

안 좋은 점에 대해서만 얘기해서 유감이지만, 정말이지 어린애들이랑 같이 텔레비전을 보며 식사해서 좋을 건 없다. 그건 어린아이들뿐만 아니라 청소년들, 어른들, 노인들도 마찬가지다. 텔레비전을 끄자. 그러면 대화의 즐거움을 발견하거나 재발견하게 될 것이다.

아이를 위한 영양학 소사전

영양소를 고루 섭취해야만 성장에 도움이 된다는 것은 이미 알고 있는 사실이지만, 어떤 영양소가 정확히 어떤 작용을 하는지를 함께 알아둘 필요가 있다. 잘 알려진 칼슘, 단백질, 비타민뿐만 아니라, 이들의 흡수를 위해 꼭 필요한 영양 성분을 정리해보자.

식품첨가제

우리가 가게에서 볼 수 있는 많은 식품에는 대부분 여러 개의 식품첨가제가 들어 있다. 첨가제는 그 역할에 따라 착색제와 방부제, 두껍게 만들거나, 젤리 상태로 만들거나 유화시키는 농도 변동제, 향료로 나뉜다. 이런 식품첨가제의 사용은 자연 상태이건 인공 상태이건 간에 엄격한 규제를 받는다. 어떤 식품에 어떤 식품첨가제가 들어갔는지는 상품 표시에 나와 있으므로 알 수 있다.

이 첨가제들이 실제로 유용한지, 장기적으로 무해한지에 대해 의문을 품어볼 만하다. 사탕, 과자, 요구르트, 과일주스에 흔히 들어가는 착색제, 과일주스와 건과에 들어가는 아황산염, 그리고 돼지고기 가공 과정에서 소금에 절일 때 쓰이는 질산염과 아질산염은 피하는 것이 좋다.

칼슘

골격을 만드는 어린아이는 특히 칼슘을 필요로 한다. 영양 섭취에 있어 주요한 칼슘 공급원은 우유와 유제품이다. 생우유는 모유보다 3~4배 많은 칼슘을 함유하고 있지만, 우유의 칼슘은 모유의 칼슘보다 소화 흡수가 덜 된다. 단단한 치즈에는 부드러운 치즈보다 칼슘이 더 풍부하게 함유되어 있다. 과일과 채소, 말린콩, 양배추, 냉이에도 칼슘 성분이 들어있다.

인체기관은 칼슘을 소화시키기 위해 인과 비타민D도 필요로 한다.

칼로리

칼로리는 음식물에 의해 공급되며, 칼로리 함유량은 식품에 따라 아주 다르다. 에너지 필요량은 연령과 성별, 신체활동에 따라 달라진다. 높은 수준의 스포츠맨은 1일 필요량이 4,500kcal인데 반해 신생아의 경우는 태어났을 때 체중 1kg당 하루 65kcal에서 12개월에는 91kcal로 서서히 증가한다. 두 돌이 되면 아이는 하루에 1,100kcal를, 세 돌 때는 하루에 평균 1,200kcal를 필요로 한다.

섬유소

섬유소는 음식물이 장내를 통과하도록 하는 데 필요하다. 크기와 무게에 의해 장이 리듬 있게 움직이도록 해주는 섬유로 채소와 과일에 의해 공급된다.

소금

인체기관에 소금은 적은 양이 필요하다. 소금은 우리 몸에서 물이 움직이고 신경계와 근육에서 자극을 전달하는 역할을 한다. 음식물에 소금을 지나치게 넣는 것은 성인의 고혈압을 일으키기 때문에 건강에 해로운 것으로 간주된다. 아기를 위한 음식물에는 소금을 치지 않고, 커서도 조금만 넣는 것이 좋다.

철분

철분은 피에 산소를 모으기 위해 필요한 헤모글로빈의 구성요소다. 철분의 주요 공급원은 소고기, 간 등의 육류와 생선이다. 조제분유와 성장기 우유에는 철분이 풍부하게 들어있는데, 젖먹이들이 먹는 음식에 이따금 철분이 결핍되기 때문이다.

불소

뼈와 치아에서 발견되는 불소는 충치를 예방해주는 미량원소로 뼈와 치아의 저항력을 강화시킨다.

탄수화물

살아간다는 것은 많은 에너지를 사용한다는 것이다. 그래서 우리는 당분을 필요로 한다. 당분은 그램 당 4kcal의 열량을 제공한다. 당분은 사탕무와 사탕수수로 만든 설탕, 꿀, 잼 같은 단당류와 쌀, 국수, 타피오카, 빵, 전분질 채소의 다당류로 구분하는데 단당류는 입맛을 돋우는 용으로 적당히 먹고 에너지를 공급하는 다당류를 우선적으로 먹어야 한다.

지방

지방 또는 지질에는 지방산과 일부 비타민, 때로는 오메가3가 풍부하게 들어있다. 지방은 육류와 치즈, 호두, 올리브, 초콜릿 등 음식물에 포함된 조직 지방과 순수 상태의 지방을 구분한다. 순수 지방의 일부는 버터, 돼지기름 같은 동물성이며 또 일부는 식용유 같은 식물성이다.

지방은 주로 지방산으로 구성된다. 이 지방산 중 두 가지는 필수지방산이라고 불리는데, 인체기관이 만들 수가 없어서 음식물에서 공급받아야 하기 때문이다. 해바라기유와 육류에서 발견되는 오메가6 계열의 리놀렌산, 그리고 오메가3 계열로 유채 기름과 호두, 생선이 그 공급원인 알파리놀렌산이다. 이 지방산들은 모유보다 우유에 훨씬 적기 때문에 어린아이의 우유에 따로 첨가된다.

오늘날 자주 거론되는 이 필수지방산

들을 소비하는 것은 쉽고 돈도 거의 들지 않는다.

지방은 고에너지로 그램 당 9kcal의 열량을 제공한다. 지방은 비타민A와 D, E를 운반하는 데도 필요하다. 그중 일부는 소화가 거의 되지 않기 때문에 익힌 음식에 지방이 배어들도록 하지 말고 지방 없이 익힌 다음 먹을 때 첨가하는 것이 좋다.

과체중이 될 우려가 있기 때문에 요즘은 지질을 과잉 섭취할 경우의 해로움이 강조되는데, 세 돌 때까지는 아이의 지질에 대한 요구가 높다가 그 후에 감소한다. 그러므로 지질의 섭취를 제한해서는 안 된다.

요오드

갑상선 호르몬을 구성하는 요오드는 성장 과정과 중요한 생명 기능에 개입한다. 요오드가 가장 풍부하게 든 식품은 생선과 어패류다. 어린아이의 경우에 주요한 요오드 공급원은 우유와 곡물류, 그리고 달걀이다. 요오드를 함유한 소금도 있다.

인

인은 칼슘 흡수에 반드시 필요하다. 정상적으로 영양섭취를 하면 인체기관이 필요로 하는 인이 공급된다. 질소질 유기물과 칼슘이 동시에 풍부하게 든 식품인 치즈와 우유, 달걀노른자는 인을 가장 잘 공급해준다.

칼륨

이 무기물은 혈압 조절뿐만 아니라 신경 자극의 전달과 근육 수축에서 중요한 역할을 한다. 칼륨은 감자와 일부 과일들, 초콜릿 등 많은 식품에서 발견된다. 정상적으로 다양하게 영양 섭취를 하면 인체기관에 필요한 칼륨을 전부 다 공급받을 수 있다.

단백질

단백질은 반드시 필요하지만 과잉 섭취

하면 안 되는 영양소이다. 단백질은 인체 기관을 만드는 재료이기 때문에 아이에게 특히 필요하다. 그러나 흔히 아이들에게 지나치게 많은 단백질을 제공한다. 출생에서 세 돌이 될 때까지의 단백질 요구량이 1일 10g인데 반해 실제로는 그보다 2~3배 더 많은 단백질이 지나치게 많은 육류와 유제품으로 섭취되는 것이다.

단백질이 가장 많이 함유된 식품은 우유와 치즈, 육류, 생선, 달걀, 곡물, 콩류다. 육류와 생선은 100g 당 15~20g의 단백질을 함유하고 있다. 단백질은 그램 당 4kcal의 열량을 제공한다. 이런 상황에서 동물성 단백질 없이 아기를 키울 수 있을까? 육류뿐만 아니라 우유, 치즈, 달걀까지 제외하고 오직 콩과 아몬드 같은 식물성 단백질만 주는 채식요법으로 아기를 키울 수 있을까? 이건 권장하지 않고 나쁜 영향을 미친다고 말할 수 있다. 한창 성장하는 존재는 이처럼 불균형한 식이요법으로는 올바르게 자라날 수가 없다.

육류와 생선은 제외시키지만 우유나 치즈, 달걀 같은 동물성 단백질을 공급해주는 채식 생활로 아기를 키우는 것은 아기에게 균형 있는 음식을 제공해주고 아기의 성장에도 해를 끼치지 않을 수 있다.

비타민

당분과 지질, 단백질은 칼로리를 생성하는 물질이다. 즉 에너지를 제공하는 것이다. 비타민은 무기물과 마찬가지로 칼로리를 제공하지는 않지만, 칼로리를 사용하는 데 쓰이기 때문에 반드시 필요하다.

비타민의 종류

- 비타민A는 성장과 감염에 대한 저항에서 중요한 역할을 한다. 비타민A는 당근, 고추 등의 채소와 살구, 멜론 같은 과일, 버터, 간유 등의 유지, 달걀노른자, 간, 정어리에 카로틴의 형태로 함유되어 있다.

- 비타민B(B1과 B2, B6, B12 등)는 신경과 근육, 소화기, 혈액의 기능에서 중요한 역할을 한다. 식물성, 동물성 식품들은 거의 모두가 비타민B를 함유하고 있지만, 곡물의 싹과 간, 우유에는 특히 많이 함유되어 있다.

- 비타민C는 감염에 저항하도록 해주는 피로 회복 비타민이다.
비타민C는 열과 공기에 의해 파괴되지만, 증기로 찌거나 압력솥을 이용하면 상당한 양의 비타민C가 유지된다. 어린아이들이 마시는 우유에도 비타민C가 풍부하게 들어있다.

• 비타민 D를 충분히 섭취하지 않으면 구루병에 걸린다. 실제로 비타민D는 칼슘의 흡수에 필수적이다. 이 비타민은 태양의 자외선이 피부에 작용함으로써 형성된다. 그러나 도시나 안개가 낀 날씨에서는 자외선이 가려지기 때문에 태양의 작용이 효과적이지 않다. 게다가 아기를 태양에 노출시키지도 않기 때문에 비타민D를 섭취해야 하는 것이다.

피부조직에 색소가 침착된 어린아이들은 더 민감하기 때문에 비타민D를 더 많이 섭취해야 한다. 비타민D가 특히 많이 함유되어 있는 식품은 이전 세대들이 많이 먹었던 간유이다.

• 다른 비타민도 많이 있는데, 특히 비타민E는 산화 방지 능력이 있어서 세포막을 보호해주고, 비타민K는 피가 쉽게 응고되도록 해준다. 보강이 필요한 비타민D와 K 외의 다른 비타민들은 식품에도 함유되어 있으므로 균형 있는 식사만 하면 인체기관이 필요로 하는 양을 충족시킬 수 있다.

자주 먹는 과일들의 비타민C 함유량			
자주 먹는 과일들의 비타민C 함유량. 말리거나 익히지 않은 과일 100g에 포함된 비타민C를 밀리그램으로 환산해 많은 것부터 정리했다.			
키위	80	산딸기	25
딸기, 리치	60	월귤	20
레몬, 오렌지	50	파인애플	18
귤	41	바나나, 살구, 복숭아	7
자몽	37	버찌	6
오디	32	자두, 사과, 포도, 배, 무화과	5

3

J'ÉLÈVE MON ENFANT

Laurence PERNOUD

아이의 생활

처음 몇 달 동안 부모와 주변사람들의 일은 아기의 리듬에 적응하고, 아기의 욕구와 요구를 충족시켜주는 것이다. 시간이 흐르고 이것저것 배우면서 아이는 자율적인 존재가 된다. 3장에서는 2장에서 소개한 식사 외에 잠자고 놀고 배우는 아기의 일상생활을 모두 소개한다. 아기가 커가는 과정이 이 장에 담겨있다.

아기의 잠

'우리 아기는 언제나 되어야 밤에 깨지 않고 잘 자게 될까요?' 모든 부모들은 소아과의사에게 이렇게 묻는다. 아기는 서서히 규칙적으로 잠을 자게 될 것이다. 대체로 태어난 지 3개월이 되면 아기는 밤에 몇 시간씩 깨지 않고 잠을 잘 수 있다.

처음 2개월

막 태어났을 때 아기의 뇌는 밤과 낮의 흐름을 받아들일 만큼 발육되지 않았다. 처음 2개월 동안 아기는 조용한 잠과 동요된 잠, 조용히 깨어있는 상태와 동요되어 깨어있는 상태를 3~4시간 마다 되풀이한다. 아기는 동요되어 깨어있는 상태에서 먹고, 옷을 갈아입고, 목욕을 한다. 하루에 한두 번은 이 주기에서 잠을 자는 단계가 빠지는데 동요되어 깨어있는 상태가 길어지면 아기가 우는 것이다.

3~4시간의 주기가 이어진다는 사실은 곧 아기가 낮과 밤을 구분하지 못한다는 것을 보여준다. 왜 대부분의 아기들이 하루에 최소 8번의 식사를 해야 하는지도 가르쳐준다. 처음 몇 주일 동안 하루에 8~12번씩 엄마 젖을 물거나 젖병을 빠는 것은 완전히 정상이며, 아기가 요구하는 대로 먹인다는 것은 곧 생리적 욕구를 충족시키는 것이다.

출생 3주일부터 1개월까지, 많은 아기들은 쌓인 긴장을 풀기 위해 하루가 끝날 무렵에 운다. 주저하지 말고 아기를 안고 흔들어 달래주자. 아기는 신뢰감을 갖고 안심할 것이다. 아기가 다시 자리에 누워 조금 더 운다 하더라도 그건 넘치는 에너지를 계속 방출하기 때문이다.

2개월에서 4개월 사이

24시간 리듬은 낮과 밤 사이에 번갈아가며 자리를 잡기 시작한다. 이 리듬은 낮의 빛과 밤의 어둠, 식사의 규칙성, 교류와 놀이, 산책 시간 같은 외부 요인들에 의해 더 쉽게 자리 잡는다. 낮에는 30~50분 정도 여러 번씩 짧게 낮잠을 자기 때문에 잠을 거의 안 잔다는 느낌을 주지만, 밤에는 이어서 6~8시간씩 잘 수 있다. 깨지 않고 밤에 잘 자기 시작하는 것이다.

흔히 이 기간에 엄마는 다시 일을 시작하여 아이를 맡기게 된다. 아기가 여전히 밤에 잠을 잘 안 자고, 모든 사람이 잠을 자는 것이 가족생활을 위해 중요하다면, 아기가 밤 수면의 리듬을 터득할 수 있도록 참고 기다리는 법을 가르쳐줄 수 있다. 아기를 품에 안지 말고 안심시킨 다음 몇 분 동안 울도록 내버려두는 것이다. 아기는 자기가 부른다고 해서 누군가가 금방 오는 것이 아니라는 사실을 서서히 깨닫고 다시 잠들 것이다.

아기가 먹고 옷을 갈아입고 안심하고 잘 자리를 잡았는데도 자기 전에 운다면 그때도 역시 아기가 조금 울도록 그냥 내버려두자. 아기는 잠 속으로 빠져들기 전에 에너지의 방출을 필요로 하기 때문이다.

5~6개월부터

이제 대부분의 아기들은 깨지 않고 밤에 최소 8시간씩 잘 자며, 더 이상 밤중의 식사를 필요로 하지 않는다. 아기들은 낮에 2~3차례 낮잠을 잔다. 아기가 아픈 게 아닌데 계속해서 두세 시간에 한 번씩 잠을 깬다면 안아주지는 말고 아기에게 말을 하고 쓰다듬어주면서 안심시킨 다음 곁을 떠나는 방법을 시도해 본다. 아기가 운다면 5분 동안 울도록 내버려두었다가 개입하고, 그 다음 날은 10분 동안 울도록 내버려두었다가 개입한다. 슬슬 아기의 수면 주기가 성인과 비슷해진다.

수면 주기

수면은 수동적이고 무용한 시간이 아니다. 아이도 어른과 마찬가지로 그날 낮에 기울인 노력을 보충하고, 자기가 체험한 것을 기억하고, 꿈꾸는 시간이다. 수면이 어떻게 조직되는지를 알면 아이가 잠을 푹 잘 수 있게 도와주고, 몇몇 문제를 이해할 수 있다.

각 수면 주기에서는 보충 단계와 꿈의 단계가 연이어진다. 보충 단계는 느리고, 평온하고, 점점 더 깊어지는 잠의 기간이다. 몸은 움직이지 않고, 호흡은 심장 맥박 및 근육 긴장과 더불어 서서히 늦추어진다. 꿈 단계는 몸은 움직이지 않지만 눈의 움직임과 소스라침, 남자아이의 성기 발기, 불규칙한 호흡 등의 현상이 관찰되기 때문에 역설수면이라고 불린다.

처음 두 달 동안에는 각 수면 주기가 40~60분으로 짧다. 수면 주기는 흥분된 수면 단계로 시작되며, 이 동안에는 쉽게 깨지만 훨씬 더 안정적이고 차분한 수면 기간, 즉 깊은 잠으로 이어진다.

어떤 아기들은 여러 가지 수면 단계를 쉽게 번갈아하는 반면 또 어떤 아기들은 혼자서 잠들었다가도 다시 잠드는 법을 배워야 되는 것처럼 보인다. 어떤 갓난아이들은 흥분된 수면 단계가 끝나거나 깊은 잠을 자기 시작할 때까지 기다렸다가 자리에 눕혀야 된다.

태어나고 나서 처음 몇 주일 동안 여러 수면 단계를 이어가지 못하는 아기들이 있는데, 소화 장애나 역류, 변비나 배앓이를 할 때 특히 그렇다. 아기들이 계속해서 30분 이상을 자지 못하기 때문에 잠을 자지 않는다는 느낌을 준다. 인내심을 잃으면 안 된다. 아기는 이제 곧 규칙적으로 잠을 자게 될 것이다.

3개월에서 6개월 사이에는 수면이 다르게 조직되어 곧 어른과 비슷해진다. 아기는 잠이 들어 느리고 점점 더 깊어지는 수면을 취한다. 각 수면 주기는 1시간 정도 계속되다가 역설수면 단계로 끝이 난다. 밤에 처음 3~4시간은 보통 안정적이다가 자정부터는 주기가 바뀔 때마다 잠깐씩 깨어난다. 아이가 두 수면 주기 사이에 혼자 잠드는 법을 배우는 건 중요한 일인데, 아기가 평온한 분위기 속에 있으면 쉽게 배울 수 있다. 그 순간에 아기를 품에 안으면 아기는 방해받을지도 모른

다. 두 수면 주기 사이에 다시 혼자 잠드는 법을 배우는 것은 아기에게 있어 독립성을 배우는 학습이라 할 수 있다.

아기를 어떻게 눕혀야 할까?

1970년대에는 아기를 엎드려 재우도록 권장했는데, 이 자세가 푹신한 매트리스, 베개, 깃털 이불 등과 결합되어 흔히 신생아의 급사로 이어졌다. 1990년대 들어 엎드려 재우는 이 자세를 그만두자 신생아 급사가 급격히 줄어들었다.

지금은 아기를 깃털 이불이나 베개 없이 단단한 매트리스에 등을 대고 눕히도록 권장된다. 체온이 너무 높아지면 위험하고 약간 낮은 기온에서 자도 잠을 방해받지는 않기 때문에 아기에게 지나치게 이것저것 덮어주어서는 안 된다. 두 손은 계속해서 차가워야 한다.

태어나고 몇 달이 지나면 아기는 스스로 자세를 바꾸고 몸을 뒤집는다. 처음 몇 주일 동안에는 규칙적으로 아기를 엎드려 놓는다. 아기가 세상을 다른 각도로 바라보고 등 근육이 강화되도록 하기 위해서다.

아기가 머리를 침대 한쪽 구석에 갖다붙이고 있는 걸 보면 불편할 거라고 생각해서 떼어내는 엄마들이 있다. 하지만 그럴 필요 없다. 자기가 원해서 이런 자세를 취하는 것이기 때문이다. 아기는 접촉을 원하는 것이다. 아기는 엄마 배 속에서 그랬던 것처럼 뭔가에 둘러싸이고 싶어 한다.

성장에 따른 수면 시간의 단축

아이가 자라나면서 수면 시간은 서서히 단축된다.

- 처음 3개월 동안에는 14~18시간
- 1년이 지나면 12~16시간
- 세 돌쯤 되면 10~14시간

이것은 평균 수치다. 아기에 따라서 차이가 크며, 이런 차이는 아주 일찍 나타날 수 있다. 어른들과 마찬가지로 아기들도 잠을 많이 자는 아기들이 있는 반면 적게 자는 아기들도 있는 것이다. 평균보다 잠을 덜 자지만 기분도 좋고 먹기도 잘 먹는 아기도 있다. 그 나름대로는 충분히 잠을 자는 것이다. 반대로 피곤한 기색에 부루퉁해 있으면 그건 잠이 부족하기 때문이다. 아기가 낮에 얼마만한 활기를 보여주느냐는 양과 질에서 모두 충분히 잠을 잤느냐를 보여주는 표시다.

꿈과 악몽

어른들과 마찬가지로 아이들에게도 꿈은 낮에 일어난 사건들이 기억에 다시 떠오르는 시간이다. 이 사건들은 뇌에 의해 다시 체험되고 재구성되어 무의식적인 방식으로 기록된 사건들과 대면한다. 이미 체험된 사건들을 토대로 하나의 세계가, 하나의 삶이 조금씩 만들어지고, 이 체험된 사건들은 기억을 구성하게 될 것이다. 꿈은 기억의 발달에서 중요한 역할을 한다.

낮에 일어난 사건들이 아이의 세계 인식을 조금씩 구축하여 나중에 아기가 무의식적으로 참조하게 될 무의식적 기억에 자리 잡는 것은 바로 꿈을 꾸는 동안이나 꿈에 의해 이루어진다. 이런 관계는 생물학적 현상과 심리적 현상이 서로 뒤얽혀 조화를 이룬다.

꿈은 이따금 불쾌하기도 하다. 만 2세에서 5세 사이의 아이들은 악몽을 자주 꾼다. 악몽은 너무 규칙적으로 되풀이되지만 않는다면 정상적인 사건이다.

잠자기 싫은 아이

아이가 성장하면, 잠을 자러 가는 시간에 문제가 생길 수도 있다. 아이는 사회생활을 즐기기 시작해서 이제는 하루가 끝날 무렵이 되어도 잠을 자지 않고, 유치원에서 돌아오면 자신의 장난감을 보며 만족스러워한다. 부모나 형제자매들이 있고 저녁식사를 준비하여 집이 활기를 띠는 순간에 그 모든 걸 떠나, 가서 자라는 요구를 받는다. 아이는 그렇게 하고 싶은 생각이 전혀 없다. 아이는 자기 주변에 있는 사람들 곁을 떠나 어둠 속에 혼자 있어야 된다는 생각에 엄청난 불안감을 느끼기까지 한다. 그런 불안을 잘 느끼지 않는 아이라도 침대에 가서 눕는 걸 대부분 좋아하지 않는다. 아이가 자리에 눕도록 억지로 강요해서는 안 된다. 아이가 어떤 감정을 느끼는지 이해하려고 노력하는 것이 낫다.

아이를 재우는 법

그렇다면 아이가 잠을 자러 가도록 돕기 위해서는 어떻게 해야 할까. 여기에는 몇 가지 방법이 있다.

- 우선은 아이가 침대로 가도록 준비시킨다. 신이 나서 놀고 있는 아이에게 그만 놀고 지금 당장 가서 자라는 명령보다 더 짜증나는 일은 없으니 미리 예고해야 한다. "5분 뒤에는 가서 자도록 해라." 5분 후가 되었을 때는 단호해야 한다.
- 부드러운 음악과 짧은 이야기, 아이가 좋아하는 장난감, 밤에 켜놓는 작은 전등, 살짝 열어놓은 문 등 아이의 습관을 존중해준다. 아이들은 각

자 자기만의 습관을 가지고 있고 그 습관을 되풀이함으로써 안도감을 느낀다.
- 잠이 들 때 어떤 아이들은 박자를 맞춘 동작을 하는데, 대부분 잠이 드는 걸 도와주는 몸 흔들기 의식이다. 그 모습이 보는 사람을 놀라게 할 수도 있지만 하도록 내버려두어야 한다.
- 아이를 규칙적인 시간에 재운다. 더 큰 아이의 경우 자리에 눕는 것과 잠이 드는 것은 별개다. 반드시 바로 잠을 자야 하는 것은 아니지만 책을 보는 것은 괜찮다고 말해도 된다.
- 일단 자리에 누우면 다시는 일어나지 않아야 한다. 이런 습관을 들이지 않으면 아이는 다시 일어나기 위해 '너무 더워요'라든가 '목말라요', '무서워요' 등등 온갖 핑계를 다 댈 것이다. 아이의 곁을 떠날 때는 단호해야 한다.
- 아이가 한밤중에 잠에서 깨면 다시 혼자 잠이 들도록 내버려둬야 한다. 가능하다면 엄마보다 아빠가 나서서 아이를 진정시키는 것이 흔히 더 효과적이다.

아기와 함께 외출하기

이제 막 태어난 아기와 함께 외출을 하기란 쉽지 않은 일이지만, 병원을 비롯하여 의외로 외출을 할 일이 자주 생긴다. 아기와 함께 외출하려면 여러 가지 준비가 필요하다.

아기를 메고 다니는 아기띠

부모들이 선호하는 해결책이다. 아기를 메고 다니면서 아기의 온기를 느끼고 자신의 온기를 아기에게 전해주는 게 너무 행복하다는 표정이 역력하다. 이동에 따른 여러 문제를 해결하는 방법이기도 하다. 사실 뾰족한 다른 방법이 없기도 하다. 아기를 어린이집에 맡기거나 유모에게 데려가야 하는데 거리가 멀거나 대중교통수단을 이용해야 할 때는 특히 그렇다.

아기 역시 편안하게 느낀다. 여러 번 말하지만, 아기는 접촉을 좋아한다. 이런 식으로 엄마나 아빠 품에 안겨 다니는 것은 아기가 느끼는 근접과 접촉에 대한 욕구를 충족시켜준다. 아기는 흔들림이나 몸의 온기 등 태어나기 전의 감각들을 되찾으며, 이런 연속성이 아기를 안심시킨다. 아기띠를 살 때는 아기가 엄마의 몸에 바짝 붙을 수 있을지 확인해야 한다.

유모차 준비하기

고전적인 대형유모차는 아기들의 장비 세트에서 모습을 감추었다. 편하기는 하지만 공간을 너무 많이 차지해서 일상생활에서는 별로 실용적이지 못하기 때문이다. 지금은 아기를 대형유모차와 소형유모차가 결합된 유모차에 태운 채 시장을 보러 가기도 하고, 형이나 누나를 찾으러 학교에 가기도 하고, 공원으로 바람을 쐬러 가기도 하고, 친구를 방문하기도 하면서 밖에서 하루를 보낸다. 이 결합형 유모차는 정교하여 대형유모차와 소형유모차, 의자, 자동차 좌석으로 모두 쓰일 수가 있다. 아기를 처음에는 길게 드러누운 자세로 눕혔다가 나중에는 고전적인 형태의 유모차로 변형시킬 수 있는 더 간단한 모델도 있다.

유모차를 사기 전에 자동차 트렁크에 제대로 들어가는지, 집안에 쉽게 정리할 수 있는지, 그리고 혹시라도 대중교통을 이용할 때 공간을 너무 많이 차지하지 않는지 확인한다.

산책 시작

아기는 산책 시간이 가까워지는 것을 금세 알아차리고 엄마가 외출 준비하는 것을 지켜보며 어서 빨리 밖에 나가고 싶어 안달한다. 아기는 베이비 시트나 유모차에 편안히 자리 잡은 채 아이들이 노는 모습과 꽃을 바라본다. 외출은 의심의 여지없이 아기의 성장을 도울 수 있는 좋은 자극제다. 그와 동시에 산책은 짜증이 나 있는 아이를 안정시켜 준다. 날씨가 좋으면 아기가 태어난 첫 주일부터 바로 외출할 수 있다.

신생아는 어떤 경우에 산책을 해서는 안 될까?

아기가 아플 경우 의사는 며칠 기다렸다가 외출하라고 할 것이다. 바람이 불거나 추울 때는 외출을 해도 되지만 비가 내리거나 안개가 끼었을 때는 나가지 않는 것이 좋다.

외출을 위한 몇 가지 조언

- 날이 더울 때는 유모차 덮개를 올려 놓은 채 아기가 햇빛 아래서 자도록 해서는 안 된다. 일사병에 걸릴 우려가 있다. 유모차를 그늘에 세워놓고 아기가 너무 더워하지 않는지 가끔씩 들여다본다.
- 해가 비치는 곳에서든, 그늘에서든 절대 아기를 자동차 안에 남겨놓으면 안 된다. 그늘에도 언제 해가 비칠지 모른다. 이런 조언이 지나친 것으로 보일지도 모르지만 신문에 나거나 방송에 나오는 사건사고 기사를 읽다보면 부모들이 이런 조언을 자주 잊어버린다는 사실을 알게 될 것이다.
- 날씨가 추우면 아기 손에 벙어리장갑을 끼어주는 것이 좋다. 두 개의 장갑을 끈으로 이어놓으면 잃어버리지 않을 것이다.
- 어린이집에서 아기를 봐줄 경우에는 하루 시간표에 나들이가 있는지 확인한다.

놀이와 장난감

어린아이에게 놀이는 단지 기분전환거리만은 아니다. 아이에게 논다는 것은 곧 정신이 활동하도록 하고 힘을 쓰는 것을 의미한다. 놀이는 아이의 정상적 활동이며, 성숙하는 데 반드시 필요한 요소다.

연령에 따른 선호

부모들이 연령별로 어떤 장난감을 주어야 하는지를 항상 알고 있는 것은 아니다. 그래서 장난감 가게에 들어갈 때마다 두 돌짜리 여자아이에게 어떤 장난감을 사줘야 하는지, 세 돌짜리 남자아이에게 인형을 사줘야 하는지, 장난감 자동차를 사줘야 하는지 묻곤 하는 것이다. 아이들은 나이에 따라 특히 좋아하는 장난감이 있다. 생후 1개월에서 만 4세까지의 아이들에게 즐거움을 안겨줄 장난감에 설명을 달아 소개한다. 늘 그렇듯이 이 목록을 보기 전에 주의해야 할 점이 있다. 같은 나이의 다른 아이들은 블럭이나 퍼즐을 좋아하는데 우리 아이는 그러지 않는다고 해서 아이의 성장과 관련된 결론을 내리지 말라는 것이다. 아이는 다른 관심사를 가지고 있으며, 부모는 분명히 그게 무엇인지 발견할 것이다.

1개월부터 4개월에 적당한 장난감

아이는 소리와 색깔을 찾는다. 아직 잡는 게 힘들기 때문에 이때는 굵은 손잡이가 달린 큰 딸랑이의 시기다. 빨간색과 푸른색, 초록색의 공이 몇 개 달린 딸랑이가 있고, 요람이나 유모차에 달 수 있는 주판 모양의 딸랑이 등이 있다. 고무나 직물로 되어 빨 수 있는 딸랑이를 고르는 것이 좋다. 얼마 안 있으면 아기는 이 장난감을 입에 가져갈 것이다. 아기가 움직이는 것을 좋아하므로 모빌을 달아주어도 된다. 물고기와 사람, 새 등 모든 모양과 모든 색깔의 모빌이 판매된다.

이 시기에 이미 아이들은 단단한 것과 부드러운 것, 헝겊으로 만든 인형과 플라스틱으로 된 딸랑이 간의 차이를 알아차린다. 아이들이 어떻게 하는지 보면 아주 재미있다.

4개월부터 8개월에 적당한 장난감

아기는 온갖 방법으로 손을 쓰는 법을 배운다. 아기는 손으로 만져보고, 긁어보고, 잡아당겨보고, 눌러보고, 쥐고 있던 것을 놓아본다. 아이를 감각 자각 매트 위에 올려놓으면 이 시기에 아이의 마음을 끄는 동작들을 해볼 기회가 생긴다. 아기가 아직 혼자서 몸을 뒤집을 줄 모르므로 배를 깔고 엎드리는 자세와 등을 대고 눕는 자세를 번갈아가면서 놀도록 해준다. 고무로 만들어서 누를 때마다 소리가 나는 장난감 동물과, 음악소리가 나는 딸랑이처럼 아기에게 새로운 만족을 안겨줄 더 복잡한 딸랑이를 주어보자. 이때는 아이가 일어났다가 앉으려고 애쓰는 시기이기도 하다. 요람이나 유모차에 작은 가로목을 달아주면 상당히 재미있어 한다. 자동연주악기를 설치해주면 밤에 아기가 잠드는 데 도움이 된다.

8개월부터 12개월에 적당한 장난감

이 시기에는 아이를 베이비서클 안에 넣고 주변에 장난감들을 놓아준다. 아기는 장난감을 가능한 한 멀리, 자주 던지면서 그것들이 떨어질 때마다 재미있어 할 것이다. 그러므로 아기에게 고무로 만든 장난감 동물이나 플라스틱으로 된 입방체 장난감, 천으로 만든 인형, 그리고 플러시 천으로 만든 모든 장난감 동물 등 깨지지 않는 장난감을 주어야 한다. 작은 구슬과 소용돌이 모양 축이 있어 구슬을 여러 축을 따라 옮기는 장난감도 좋아한다. 조립해야 하는 장난감을 주어도 좋아한다.

목욕을 할 때는 물고기와 오리, 개구리 등 떠다니는 장난감 동물을 준다.

12개월부터 18개월에 적당한 장난감

구르는 장난감을 아이 앞에 밀어준다. 나무로 만든 장난감 동물이나 음악소리가 나는 원통형 장난감은 걸음마를 시작한 아이에게 자신감을 불어넣는다. 장난감을 끈에 매달고 끄는 것도 좋아한다. 앉아 있을 때는 더 능란해진 손으로 둥근 모양의 물건과 주사위 통을 쌓아올리고 끼워 맞춘다. 작은 모래 언덕을 양동이로 찍어 만들기 시작하는 시기이기도 하다. 아이에게 틀과 양동이, 물뿌리개 등을 주어보자. 스펀지로 된 작은 공과 큰 공도 준다.

난감 트럭에 나무로 만든 커다란 벽돌들을 가득 싣는 것도 좋아한다.

아이가 평온할 때는 나무로 만든 퍼즐이나 달걀 모양 장난감, 조립식 통, 뚜껑의 구멍에 같은 모양의 조각을 집어넣는 장난감 등 아이가 자신의 능숙함을 발휘할 수 있는 것들을 줘본다. 이 시기에는 나무로 만든 작업대나 실로폰을 나무망치로 두드리는 것도 좋아한다. 다시 얘기하겠지만 18개월부터는, 그리고 그 이전에도 아기는 책을 좋아한다. 짧은 얘기를 들려주면 아주 좋아한다.

18개월에서 만 2세에 적당한 장난감

아이는 뭐든지 만져보고, 어디서나 뛰어다니고, 소리를 내고, 옮기고, 운반한다. 아이의 새로운 관심을 충족시키기 위해 작은 바퀴가 달린 장난감 말이나 나무로 만든 장난감 기차를 주면 방에서 끌고 다닐 것이다. 아이에게 있어 끈다는 것은 하나의 발전이다. 끄는 것이 미는 것보다 수월한 것이다. 아이는 또 장난감 트럭 위에 올라타서 밀고 나갈 줄도 안다. 플라스틱으로 만든 기둥을 쓰러뜨리고, 장

만 2세에서 2세 6개월에 적당한 장난감

이 나이 때까지는 대체로 남자아이와 여자아이에게 똑같은 장난감을 준다. 그러나 만 2세에서 2세 6개월부터는 습관과 주변 환경에 따라 여자아이들에게는 인형을, 남자아이들에게는 장난감 자동차를 준다. 그 이후로 남자아이들은 장난감 가게에서 자신의 진열대를 찾는다. 장난감 소방차와 비행기를 고르는 것이다. 여

자아이가 좋아하는 장난감은 아기 모양 인형과 소꿉장난 도구, 줄에 꿰는 작은 나무 구슬이다.

하지만 다른 성별의 아이들이 가지고 노는 장난감을 원한다고 해서 말릴 이유는 없다. 우선 요즘에는 전통적으로 여성들에게 맡겨져 온 일을 남성들이 하고 있으니 가사 세트나 소꿉장난 도구에 관심을 갖는 남자아이들에게 '그건 여자아이들이나 갖고 노는 거야!'라고 말하는 것은 모순이다. 남자아이가 인형이나 소꿉장난 도구를 갖고 노는 모습을 관찰해보면 여자아이와 똑같은 식으로 갖고 놀지는 않는다. 그건 남성들이 아이들을 보살피거나 집안일을 할 때 여성들과 똑같은 동작을 취하지는 않는 것과 마찬가지다.

이 나이의 남자아이와 여자아이가 모두 가지고 노는 장난감은 나무로 만든 마을과 농장의 장난감 동물들이며, 정원에서는 양팔 손잡이가 달린 외바퀴 손수레를 갖고 노는 걸 좋아한다. 이 나이의 아이들은 수성 펜이나 색연필로 종이에 그림 그리는 것을 좋아하기 시작한다.

만 2세에서 3세에 적당한 장난감

이때는 아이들이 장난감 자동차를 몰고, 전화를 하고, 여행을 떠나고, 소꿉놀이를 하고, 집안청소를 하거나 시장을 보고, 인형에 옷을 입혀 유모차에 태우고 산책을 시키는 등 부모들을 그대로 모방하는 시기다. 이 나이의 아이들은 세발자전거나 흔들목마를 타고 운동하기를 좋아하고, 피곤해지면 그림책을 보거나, 점토를 반죽하거나, 그림을 그리거나, 조립식 상자를 능숙하게 조립한다.

만 3세 때 적당한 장난감

이때는 상상력의 시기다. 아이들은 이제 장난감 세트를 좋아한다. 여자아이는 왕진가방을 들고 간호사 놀이를 하거나, 인형에게 주사를 놓거나 체온을 잰다. 반면에 남자아이는 기사가 되거나, 해적이 되거나, 최근 방영되는 연속극에 등장하는 주인공이 된다. 이 나이의 어린아이들은 책에 점점 더 큰 관심을 가진다. 그림을 보면서 자기가 직접 이야기를 꾸며내는 것이다. 남자아이나 여자아이 모두 집 짓기 놀이와 큰 퍼즐을 좋아하며, 그림에 색칠을 하기 시작한다. 정원에서는 그네 타는 것을 좋아한다.

이 나이의 아이들은 또 인형과 플라스틱으로 만든 동물들, 또는 다른 장난감들이 등장하는 이야기를 지어낸다. 여자아이는 여전히 인형을 좋아하며, 인형에 옷 입히는 것을 잘 한다. 나중에는 입힌 옷을 벗기는 것에도 능숙해진다. 남자아이들에게는 작은 장난감 자동차가 여전히

인기 있다. 특히 밴과 크레인, 불도저, 트랙터를 좋아한다. 만 3세의 남자아이는 플라스틱이나 나무로 만들어 쉽게 조립하고 해체할 수 있는 작은 장난감 기차도 좋아한다.

아이들의 상상력은 이야기를 읽음으로써 풍부해진다. 모든 아이들은 이야기를 들려주면 좋아한다. 책에서 읽은 이야기나 부모들이 지어낸 이야기, 동화 등을 좋아하는 이런 취향은 어린 시절 내내와 그 이후까지도 지속된다.

만 4세 이후 적당한 장난감

이제 아이들은 어른들처럼 자전거에 올라타고, 공을 던질 줄 알게 돼서 공놀이도 하고, 혼자서 퍼즐을 맞추어 모양을 만들고, 더 정밀한 집짓기 놀이를 한다. 이 나이의 아이들은 오디오를 듣고, 점점 더 자주 책을 보며, 들었던 이야기를 인형이나 장난감 곰, 자기보다 나이가 어린 아이에게 들려준다.

부모들은 여자아이를 위해 인형 액세서리를 고른다. 여자아이는 아기 모양의 인형을 목욕시킨 다음 안고 조용히 흔들며 노래를 불러준다. 남자아이는 여전히 장난감 자동차에 흥미를 보이지만, 더 완전한 형태의 자동차를 좋아한다. 원격 조정되는 장난감도 좋아한다.

그러나 공을 들인 장난감만 좋아하는 것은 아니다. 빈 종이상자나 나무 수저, 냄비, 리본 등 정말 보잘 것 없는 걸 가지고도 몇 시간씩 잘 논다. 이 나이의 아이들은 서랍 속에 들어있는 물건을 점검하거나, 청소하는 사람의 동작을 흉내 내거나, 길거리를 지나가는 사람들을 바라보는 것도 좋아한다.

장난감 정리정돈

부모들은 아이에게 정리정돈이란 말을 자주 한다. 그건 충분히 이해가 간다. 장난감 자동차나 나무 조각들이 사방에 굴러다니는 걸 보는 건 유쾌한 일이 아니고, 이런 상황에서 집안 청소를 하는 것 역시 쉬운 일이 아니다. 게다가 집이 작으면 모든 사람이 방해를 받는다.

그러나 아이의 기준은 다르다. 아이는 장난감들이 일부를 이루는 세계에서 살고 있으며, 무질서는 아이를 방해하지 않는다. 아이는 뒤죽박죽 뒤섞여 있는 장난감 속에서 아주 작은 조각 하나를 찾아낸다. 그런 아이를 관찰한다는 것은 흥미롭기도 하고 교육적이기도 한 일이다.

아이가 질서의 좋은 점을 스스로 발견하게 될 때까지 어떻게 부모의 욕망과 아이의 태도를 조화시킬 수 있을까? 이따금씩 아이와 함께 방을 정돈하고, '날 좀 도와주렴'이라고 아이에게 말하고, 정리함과 바구니, 상자, 선반 등을 주어야 한다. 그러나 '정돈 안 하면 장난감 안 줄 거야' 같은 말은 부모가 실행에 옮기는 경우가 드문 위협이기 때문에 아무 것도 해결하지 못한다.

장난감을 고를 때 주의할 점

유리나 플라스틱으로 만들어진 인형이나 봉제 곰의 눈알은 깨지면 아이에게 상처를 입힐 수도 있고, 아이가 그걸 삼킬 수도 있다. 플러시 천으로 만든 장난감 동물들의 귀나 다리에 들어있는 철사나 깨지는 플라스틱 안경도 위험하다. 작은 부품들로 이루어진 모빌은 아이가 떼어내어 입으로 가져갈 수도 있다.

나무로 만든 장난감에 박혀있는 못이나 인형의 모자에서 튀어나온 핀, 쇠로 된 회전축이 없는 팽이는 심각한 사고를 유발할 수도 있다. 아기가 치거나, 충격을 주거나, 물어뜯거나, 빨면 장난감은 저항하지 못한다. 이런 장난감이 깨지거나, 틀에서 떨어져 나오거나, 붙어있던 것이 떨어지면, 날카로운 모서리는 그야말로 흉기가 된다. 풍선도 조심해야 한다. 터지면 아이가 풍선 조각을 흡입할 수 있어서 심각한 호흡기 사고가 일어날 수도 있다.

장난감이 의무규정을 제대로 준수하는지를 어떻게 알 수 있을까? 안전기준에 일치한다는 것을 증명해주는 CE 표시가 있는지를 확인하기 바란다.

아이의 연령에 맞는 장난감을 사는 것이 좋다. 대부분의 장난감에는 사용 연령이 표시되어 있다. 예를 들어 5~6세의 어린이를 위한 집짓기놀이용 장난감은 아기가 조작하면 위험할 수도 있다. 장난감 크기의 문제도 있다. 아기가 장난감을 삼킬 수도 있는 것이다. 어린아이에게는 큰 장난감을 줘야 한다. 다트나 폭죽은 나이에 관계없이 아이들에게 주어서는 안 된다. 또 단추형 전지를 조심해야 한다. 작고 납작한 단추 모양 전지를 사용하는 전자식 장난감들이 늘어나면서 어린 아이가 삼킬 수 있는 위험이 있기 때문이다.

텔레비전과 컴퓨터

텔레비전과 컴퓨터가 아이에게 어떤 영향을 미칠까? 아이들이 텔레비전을 보도록, 컴퓨터를 하도록 내버려두어야 할까, 아니면 금지시켜야 할까? 우선은 나이별로 이야기하자.

만 2, 3세 이전 텔레비전 시청

비록 유아들을 대상으로 하는 프로그램이라 하더라도 텔레비전을 보는 것은 권장하지 않는다. 일부 부모들은 유아들을 위한 프로그램이 교육적이라고 믿을 수도 있지만 잘못된 생각이다. 그런 프로그램의 영상이나 소리는 아직 너무 어린 아이의 시력과 신경의 균형에 좋지 않다. 게다가 이 나이의 아이가 정상적으로 성장하기 위해서는 소통과 운동이 필요한데 텔레비전을 보면 수동적으로 변한다.

부모가 텔레비전을 보며 아기에게 젖병이나 이유식을 주는 것도 좋지 않다. 부모가 아기의 먹는 것에 주의를 기울이지 않으면 아기는 부모가 자신에게 별로 관심이 없다는 것을 곧 깨닫는다.

만 2, 3세 이후 텔레비전 시청

만 4, 5세까지는 하루 30분으로 충분하다. 만 5, 6세에는 그 이상 보는 것은 괜찮지만 하루에 1시간을 초과해서는 안 된다. 아이가 밤에 잠드는 데 힘들어 할 경우에는 오후 6시 이후에 텔레비전을 보지 못하도록 해야 한다. 텔레비전을 아예 못 보도록 해야 하는 아이들도 있다.

제발 부탁이니 아침에 유치원에 가기 전에는 텔레비전을 켜놓지 말자. 화면과 소리의 물결에 휩쓸리는 것은 하루의 시작으로는 전혀 바람직하지 않다. 이 시간에 아이에게 가장 좋은 것은 부드러운 분위기에서 맛있게 아침식사를 하는 것이다.

텔레비전 시청 원칙

가능한 한 어린아이가 혼자서 텔레비전 앞에 앉아있도록 내버려두어서는 안 된다. 어떤 영상들은 아이를 두려움에 빠트릴 수가 있다. 부모의 존재는 아이를 안심시키고 아이가 부모에게 질문을 던지도록 자극할 수도 있다. 좋아하는 프로그램을 못 보게 할까봐 두려움을 밖으로 드러내지 않는 아이들도 많다. 아이가 본 것에 대해 말하도록 부모가 부추길 수도 있는데 수동적인 시청자로 남지 않도록 가르쳐주기 때문이다.

아이들은 나이와 개성에 따라 텔레비전에 제각기 다른 관심을 나타낸다. 어떤 아이들은 스스로 화면 앞을 떠나 놀이로 돌아간다. 화면 앞을 왔다 갔다 하며 이따금 배우들의 연기를 흉내 내는 아이들도 있다. 하지만 텔레비전에 홀딱 빠져서 영상이 불러일으키는 매혹에서 절대 벗어나지 못하는 아이들도 있다. 이런 아이들은 어른이 잔소리를 해서 그 매혹을 깨트리면 바로 짜증을 낸다. 어떤 아이든 간에 아이가 원하는 대로 프로그램을 보도록 내버려두고, 참여하거나 연기를 하고 싶어 하면 움직이지 말라고 강요하지도 말자. 텔레비전을 보기로 한 시간이면 아이가 마음대로 그 시간을 이용할 수 있어야 한다.

눈이 피로해지는 것을 피하기 위해서는 화면에서 3.5m 이상 떨어져야 한다. 작은 화면의 경우에는 2m 이상 떨어지면 된다.

컴퓨터 사용에 관해

오늘날 컴퓨터는 많은 가정에서 생활의 일부가 되었다. 그래서 부모들은 도대체 몇 살부터 아이들이 컴퓨터를 다루는지 궁금해 한다. 실제로 만 3, 4세의 아주 어린 아이도 컴퓨터에 관심을 갖고 이해할 수 있는 능력을 가지고 있다. 게다가 지금은 많은 유치원에 컴퓨터들이 있어서 아이들이 이 기계와 친숙하다.

아이들을 대상으로 만들어진 게임도 있어서 어떻게 하는지를 배우고 난 후에 게임을 할 수가 있다. 예를 들어 색깔이나 동물들의 울음소리를 분간하거나 눈에 난 발자국이 누구의 것인지를 알아맞춘다. 아이는 마우스를 가지고 공간 속에서 이동하거나 움직임을 조절하는 법, 맞는 장소에 클릭하는 법을 배운다.

나이가 조금 더 많은 아이는 어른의 도움을 받아 인터넷에서 어린이를 위해 만들어져서 자주 업데이트되는 사이트들을 찾아내는 것을 좋아한다.

텔레비전과 마찬가지로 컴퓨터도 제대로 된 사용법이 있다. 즉 너무 일찍 시작해서는 안 되고, 너무 오래 해서도 안 된다. 도와주고 참여하고, 또 아직 어린 아이가 잘못된 조작을 하지 않는지, 좀 큰 아이가 인터넷의 부절적한 사이트에 접속하지는 않는지를 감시하는 어른이 가까운 곳에 있어야 한다는 것이다. 컴퓨터에 일부 사이트에 접속하는 것을 막는 필터링 프로그램을 설치할 수도 있다.

책 읽는 버릇은
아주 일찍부터 들인다

이 말을 하는 것은 아주 일찍부터 책을 읽히자는 것이 아니다. 나는 아주 어릴 때부터 독서 체험을 해야 한다는 주장을 지지하지 않는다. 아기에게 책 읽는 법을 가르치라고 부모들에게 조언하는 미국식 방법이 정기적으로 소개되지만 이런 과잉자극은 해롭다. 반대로 아이는 아주 어릴 때부터 책이 자기 자리를 차지하는 분위기에서 키워질 수 있다. 그럼으로써 아기는 서서히 책에 대한 취향을 가지고 읽고 싶은 욕구를 갖게 될 것이다. 삶은 책

없이 이루어질 수가 없다는 분명한 사실은 아이에게 점점 자리 잡게 된다. 다행스럽게도 책은 모든 연령의 아이들을 즐겁게 해주고, 가르쳐주고, 무료함을 달래주기 때문이다. 유치원에는 어린이들이 자유롭게 접근할 수 있는 도서관이 있다. 아이들은 아주 어릴 때부터 책과 접촉하는 데, 책의 존재에 익숙해진다. 아이들은 스스로 페이지를 넘기며, 색깔에 민감해지며, 어른들이 해주는 이야기를 듣는다. 책은 어린이들의 상상력을 자극하지만 수동적인 존재를 만드는 텔레비전은 그렇지 못하다.

아이를 위험하게 만드는 것들

어린이가 집 안이나 집 밖을 돌아다니기 시작하는 순간부터 온갖 위험들이 등장한다. 유감스럽게도 집 안이나 집 밖에서 일어난 사고로 인해 어린이들이 사망한 숫자가 모든 전염병에 걸려 사망한 어린이들을 다 합친 숫자보다 더 많다. 부모는 위험을 예측하고 환경을 정돈하며 아이에게 주의를 줄 필요가 있다.

위험한 집

통계에 따르면 유아 사고를 가장 많이 일으키는 것은 안전사고이다. 집 밖보다는 집 안 환경이 오히려 더 위험할 수 있다.

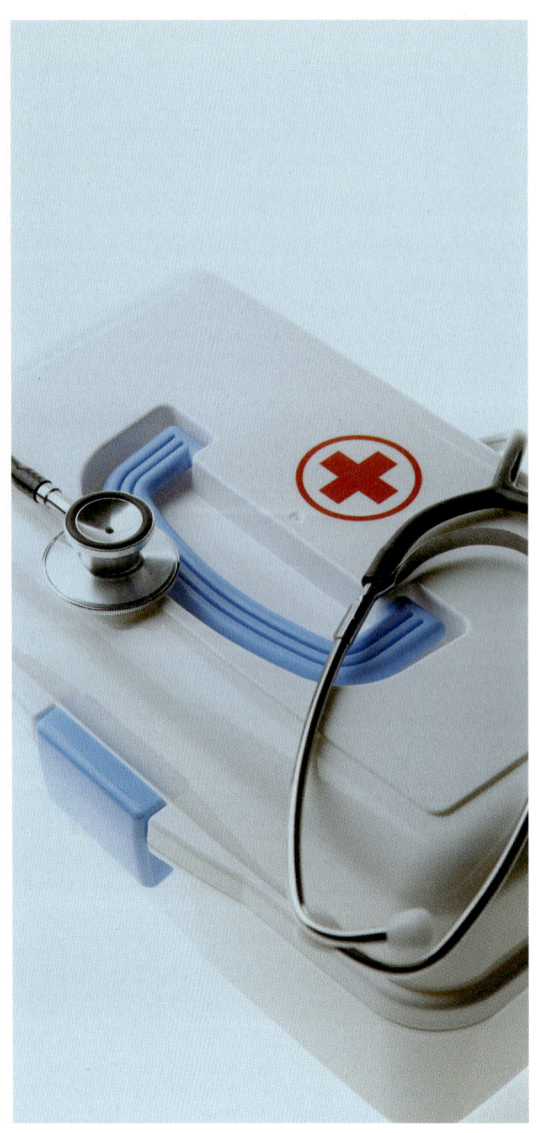

- 아기를 기저귀 채우는 가구 위에 올려놓고 멀어지는 것이 가장 위험하다. 항상 아기의 몸에 손을 올려놓고 있어야 한다.

- 냄비 손잡이가 바깥쪽을 향하고 있는 것. 또 음식물이 가득 든 냄비가 끓어넘치면 가스 불이 꺼지면서 질식사할 위험이 있다.

- 아기 침대의 베개. 질식사의 위험이 있다.

- 창살이나 격자가 없는 창문

- 욕조에 혼자 남겨진 아기. 아기는 15cm 깊이의 물속에서도 익사할 수 있다.

- 수도꼭지에서 너무 뜨거운 물이 나올 때. 화상을 입을 수 있다.

- 아이들의 손이 닿는 거리에 있는 약품 상자

- 가정용 청소용품이 식료품과 뒤섞여 식료품 상자 속에 들어있거나 어린아이가 접근할 수 있는 벽장에 들어있을 때

- 보호 장치가 부착되어 있지 않은 콘센트. 콘센트 안전장치를 설치하거나, 덮개가 있어서 어린아이가 물건을 집어넣을 수 없게 만들어진 콘센트를 설치한다.

- 보호 장치가 부착되어 있지 않은 전기

난방기

- 욕조 옆에 매달려있는 전기면도기나 헤어드라이어의 전선. 아이가 목욕을 하면서 이걸 가지고 놀다가 사망할 수도 있다!

- 전자제품의 전원을 끄고 나서도 여전히 콘센트에 꽂혀있는 연장전선. 아이가 방바닥에 굴러다니는 이 연장전선을 입속에 집어넣을 위험이 있다.

- 다림미판에 놓아둔 다리미

- 결함이 있는 난방기구

- 일산화탄소 중독도 자주 발생한다. 나무, 석탄, 가스, 가스온수 등을 이용하는 난방기구가 제대로 작동하는지 확인하고 매년 정기검사를 받는 것이 좋다.

- 배고픔. 아이가 배가 고프면 아무 거나 막 집어삼킨다.

- 주변사람들의 신경과민이나 질투도 사고를 조장한다.

- 부모들의 부주의. 아기가 목욕을 할 때는 전화를 받지 말아야 한다. 시장을 보는 동안 아기를 10세 이하의 형이나 누나에게 맡겨서도 안 된다. 4세 이하 어린아이의 손이 닿는 곳에 땅콩이나 호두, 헤이즐넛을 놓아두어서는 안 된다.

돌 이전의 아이를 돌볼 때 특히 주의할 점

이미 보았던 것처럼 추락은 가장 빈번하게 일어나는 사고이며, 통계에 따르면 거의 대부분의 경우 기저귀를 채우는 가구에서 발생한다. 다시 한 번 말하지만, 아기를 기저귀 채우는 가구 위에 혼자 내버려둬서는 절대 안 된다. 전화가 와서 방을 떠나야 할 경우에는 아기를 데리고 가야 한다. 아기의 옷을 갈아입히거나 목욕을 시킬 때는 자동응답기가 유용하다. 추락을 피하기 위해서는 아이를 높은 유아용 의자나 등받이를 기울일 수 있는 유아용 좌석, 유모차에 묶어놓는 것이 좋다. 유아용 의자에 앉힐 때는 아이를 지켜보지 않고 내버려두면 안 된다. 또 유아용 좌석은 테이블 위에 올려놓지 말고 바닥에 놓아야 한다.

또 어린아이에게 화상을 입힐 수도 있는 모든 것에 주의해야 한다.

화상을 입힐 수 있는 환경

● 전자레인지에 덥힌 젖병은 용기가 차가워도 안에 든 내용물은 아주 뜨거울 수도 있다는 사실을 어른들은 너무 자주 잊어버린다. 젖병을 흔들어서 내용물의 온도를 반드시 확인해야 한다. 손등에 몇 방울을 떨어뜨려 볼 수도 있다.

● 따뜻한 우유를 따라놓은 컵이나 수프 접시를 아이가 자기 몸에 엎을 수도 있다.

● 욕실 수도꼭지에서 지나치게 뜨거운 물이 나와 심각한 사고를 일으킬 수가 있다. 60℃의 물이 단 1초 사이에 3도 화상을 입힌다. 개인난방을 하는 경우라면 물의 온도를 안전 온도인 50℃ 이하로 고정시켜 놓는 것이 좋다.

아기가 걷기 시작할 때 특히 주의할 점

아이는 이제 자기 주변의 세계를 발견하기 위해 떠난다. 부모는 모험을 떠난 아이가 하나하나의 사물을 처음으로 알고 거기에 따르는 위험을 피할 수 있도록 도와주고 보호해주어야 한다. 호기심은 강하지만 아직은 위험을 의식하지 못하므로 대비책이 반드시 필요하다.

- 모든 약은 아이의 손이 미치지 않는 곳에 잘 정리해두어야 한다. 약품 상자를 아이의 손이 닿지 않는 것에 두고 지금 복용 중인 약이라도 그 안에 모두 집어넣은 다음 열쇠로 잠그는 것이 가장 좋은 방법이다. 혹시 저지를 수도 있는 실수를 피하기 위해서는 아이가 복용하는 약과 어른이 복용하는 약을 따로 분리해두는 것이 좋다. 핸드백도 조심해야 한다. 아이는 핸드백을 갖고 노는 걸 좋아하며, 그 밑바닥에서 약을 발견할 수도 있다. 부모가 그걸 먹는 것을 본 아이는 그대로 흉내 내려고 애쓸지도 모른다.

- 가정용 청소용품을 어린아이의 손이 닿지 않는 곳에 두어야 한다. 그중에는 유해물질도 있다.

- 정원을 가꿀 때 쓰는 제초제, 살충제, 비료 등도 역시 아이의 손이 닿지 않는 곳에 두어야 한다. 독성이 있는 제품이 있다.

- 약품과 가사용품에 의한 중독은 어린아이 중독의 60%와 25%를 차지한다. 처음에는 주의를 게을리 하지 않았던 부모들도 몇 개월이 지나면 경계심이 느슨해져서 약품이 아이들의 손이 닿는 곳에서 굴러다니도록 내버려두는 것이다.

화상을 입지 않도록 조심할 것

- 뜨거운 물이 든 용기를 절대 바닥에 놓아두면 안 된다.

- 불 위에 올려놓은 냄비의 손잡이는 벽 쪽으로 돌려놓는다.

- 요리용 레인지 주변에 작은 철책을 설치하여 가열된 곳을 만지지 못하도록 할 수도 있다.

- 오븐의 문은 아주 뜨거운데다 아이의 키 높이에 있기 때문에 위험하다. 음식을 꺼낸 다음에는 즉시 문을 닫아야 한다. 그러나 어른들에게는 보다 실용적이고 아이들에게는 덜 위험하도록 오븐을 높은 곳에 설치하는 것이 이상적이다.

- 작은 전자제품도 역시 주의해야 한다. 빵 굽는 기계나 전기커터 역시 아이에게 화상을 입힐 수 있다.

- 부엌은 위험한 장소다. 부엌에 아이를 혼자 남겨두어서는 안 된다.

- 할로겐등을 조심해야 한다. 안정적이지 않기 때문에 아이가 쉽게 쓰러뜨릴 수 있다.

- 수도꼭지의 뜨거운 물을 조심한다.

추락을 조심할 것

- 창문 밖으로의 추락은 드문 사고가 아니다. 창문을 열어놓았을 경우에는 아이를 잘 지켜보아야 한다. 안전방책을 설치하는 것도 좋은 방법이다.

- 마트의 카트에서 떨어지는 사고도 자주 일어난다. 아이를 태울 경우에는 잘 감시해야 한다. 카시트를 쇼핑 카트에 올려놓는 것은 큰 사고로 이어질 수 있다.

- 2층 침대에서 떨어질 수도 있다. 가능하면 2층 침대는 쓰지 않는 것이 좋다. 다른 방법이 없다면 4세 이하의 어린아이는 침대 위층에서 재우지 말아야 한다.

- 비닐주머니가 굴러다니게 하면 안 된다. 아이가 그걸 머리에 뒤집어썼다가 질식사할 수도 있다.

- 문틀에 보호문이나 살문을 설치하면 아이가 고립되어있다고 느끼지 않으면서 방 안에 남아있도록 할 수 있다. 아이의 손가락이 문에 끼지 않도록 하려면 걸쇠로 문을 고정시키면 된다.

- 아이가 난간을 이용할 줄 알 때까지는 혼자 계단을 오르내리도록 하지 않는다.

- 아파트에서 키우는 식물들도 종류에 따라 위험할 수 있다. 아이에게 식물에 손을 대서는 안 되며, 특히 그걸 먹어서는 절대 안 된다고 가르쳐주는 것이 좋다.

집밖에서의 위험 ①
수영장

수영장이 점점 더 늘어나기 때문에 사고도 점점 더 증가하고 있다. 부모들은 수영장에서의 위험을 충분히 인식하지 못하며, 사고가 얼마나 순식간에 일어나는지 깨닫지 못한다. 또 결과가 거의 대부분 비극적이라는 사실을 잘 모르고 있다. 수영장 사고는 바로 발견되지 않고, 구조가 신속하게 이루어지지 않기 때문에 더 심각하다.

집밖에서의 위험 ②
교통사고

어린아이들에게 가장 많이 일어나는 사고는 보행사고다. 아이가 주변을 살피지 않고 길을 건너거나 날아간 공을 잡기 위해 잡고 있던 손을 놓는 경우, 친구들과 놀다가 차도로 내려선 경우 사고로 이어지기 쉽다.

아이가 말귀를 알아들을 나이가 되면 바로 길을 건너는 법을 가르쳐주어야 한다. 부모가 길을 건너기 전에 좌우를 잘 살피는 모습을 보이면 아이도 똑같이 하는 법을 배우게 될 것이다. 인도에서는 아이의 손을 잡고 부모가 찻길 쪽에 서서 걸어야 한다.

아이를 유모차에 태우고 길을 건널 때는 앞쪽에 있는 아이가 먼저 위험에 노출되기 때문에 주의를 게을리 하지 말아야 한다.

자동차에 탄 아이가 맞는 위험 및 아이에 맞는 좌석에 앉혀야 하는 필요성에 대해서는 여행 편을 보기 바란다.

집밖에서의 위험 ③
야외

독이 있는 과일과 버섯에 대해서는 감시와 교육이 사고를 피할 수 있는 가장 좋은 방법이다. 가지가 쉽게 부러지는 나무들도 조심해야 한다. 특히 벚나무 가지가 잘 부러진다. 여기서도 가장 중요한 것은 아이가 위험 없는 세계에서 살게 하거나 두려움 속에서 살게 하는 것이 아니라 아이에게 위험을 예고해주는 것이다. 병과 죽음이라는 생각에 예민한 아이들은 부모의 주의를 마음에 새겨놓을 것이다.

장거리 이동과 여행

아이와 함께 밖에 나가는 일 자체가 많은 에너지를 필요로 한다. 차를 타고 한 시간 이상 이동을 하거나 여행을 하는 경우, 아이를 먹이고, 즐겁게 해주고, 옷을 갈아입혀야 한다. 아이에게 필요한 것들을 미리 챙겨두고, 여러 상황에 어떻게 대처해야 할지 알아두자.

먹이기

아이가 아직 많이 어리고 모유를 먹인다면 목말라할 아이를 위해 물병 하나만 가지고 나가면 될 것이다. 모유를 먹이다보면 갈증이 일어날 테니 엄마가 마실 물은 충분히 가져가는 것이 좋다.

아이가 우유를 마실 경우에는 여행 중에 우유를 준비할 수 있도록 물과 분유 또는 액상우유를 가져간다. 미리 우유를 타서는 안 된다. 마지막 순간에 물에 분유를 타면 되는 것이다. 여분으로 쓸 젖병 하나와 물병을 가져간다. 여름에는 자동차를 이용하든, 기차를 타든 목이 마른 법이다.

아이가 죽을 먹을 나이면 죽, 요구르트, 과일 졸임, 물, 아이의 컵과 숟가락을 함께 가져가서 점심으로 먹일 수 있다. 손수건도 잊으면 안 된다.

아이가 뭐든지 다 먹는 나이가 되면 소풍을 가든 식당에 가든 부모와 같은 음식을 먹을 것이다. 스낵과 카페테리아, 식당에서는 어린이를 위한 특별메뉴를 제공하는 곳이 많다.

아이들은 출발하기 전에는 흥분해서 식욕을 잃어버리는 경우가 많다. 그러나 겨우 몇 킬로미터밖에 안 갔는데 벌써 '엄마, 나 배고파!'라고 칭얼거리기 시작한다. 그럴 때 과일이나 과일조림, 요구르트 등 영양가가 높지만 위에 부담을 주지는 않는 간식거리를 주면 좋아한다. 마실거로는 물과 과일주스나 우유 같은 작은 포장제품을 가져가면 편하다. 입과 손을 닦으려면 손수건이 필요하다.

즐겁게 해주기

자동차 여행을 할 경우에는 여러 가지 놀이를 미리 마련해두는 것이 좋다. 자동차 여행을 할 때는 책이나 그림책을 읽히면 안 된다. 계속 움직여 눈을 피로하게 만들기 때문이다. 색연필도 마찬가지다. 기차여행을 할 때는 괜찮다.

봉제 곰이나 인형 등 아이가 좋아하는 장난감도 가져가는 것이 좋다. 이런 장난감들은 여행 내내 아이를 즐겁게 만들어줄 것이다. 음악 CD도 가져가면 좋다. 그러나 부모의 창의적 정신이야말로 가장 좋은 수단이다. 부모들은 노래도 할 줄 알고, 이야기도 할 줄 알고, 이야기를 지어낼 줄도 아는 것이다.

기차 안에서 아이가 너무 오래 긴장하지 않도록 이따금 복도나 식당차로 데려가서 산책시키는 것이 좋다. 자동차 여행을 할 경우에는 두 시간에 한 번씩 차를 멈추도록 한다. 아이를 데리고 가서 자연 한가운데서 산책을 시키거나 어린이 놀이터에서 긴장을 풀어준다. 운전자에게는 이런 휴식이 더욱 필요하다.

옷 갈아입히기

기저귀에 관한 한 문제가 없다. 좀 더 큰 아이들은 옷을 갈아입힐 필요는 없지만 그래도 오랜 시간 여행이 계속될 거라면 도중에 씻어야 할 것이다. 여기서도 역시 손수건이 유용하게 쓰일 것이다.

멀미

아이가 자동차 안에서 멀미를 하는 것은 흔한 일이다. 기적의 약을 찾기 전에 아이의 안정을 찾아야 한다. 아이에게 멀미에 대해 미리 얘기했거나, 걱정거리가 있거나, 야단을 들었으면, 즉 아이가 신경이 날카로워져 있으면 멀미를 할 우려가 있다.

출발 전에는 식사를 가볍게 한다. 공복 상태로 출발하거나, 전날이나 당일 무거운 식사를 하고 출발하거나, 출발하느라 정신없는 와중에 초콜릿 음료 한 잔에 토스트에 버터를 발라 대충 먹고 출발하면 멀미를 하게 된다. 출발하기 전에 과일주스나 차, 꿀, 과일 등으로 영양가는 높되 무겁지 않은 식사를 해야 한다.

자동차 안에서 담배를 피우면 안 된다. 담배 냄새를 맡으면 모든 사람이 멀미를 하며, 자동차가 작으면 담배 중독이 될 가능성이 더 높아진다.

출발하기 30분에서 1시간 전에 멀미약을 아이에게 먹이는 것이 좋다. 의사나 약사가 복용량을 알려줄 것이다. 아이가 약 먹는 것을 거부하면 꿀이나 다른 음식에 섞어 먹일 수도 있겠지만 그보다는 좌약을 주는 것이 좋다. 피부에 붙이는 제품도 있으니 약사에게 문의하기 바란다. 아이가 토할 경우에 대비하여 잘 찢어지지 않는 종이로 만든 주머니를 가져가는 것이 좋다.

자동차 여행을 위한 안전수칙

짐을 차 안에 차곡차곡 싣고, 안전벨트를 매고, 아이를 아이에게 맞도록 만들어진 좌석에 앉힌다. 10세 이하의 아이는 어린이용 카시트에 앉아야 한다. 아이가 튕겨 나가는 것을 방지하고, 충격을 완화하며, 머리와 목, 척추 등 가장 다치기 쉬운 신체부위를 보호해주기 때문이다. 좌석 하나 = 안전벨트 하나 = 한 사람이 되도록 어린아이도 하나의 좌석을 차지하고 어린이용 카시트에 앉아야 한다.

아이의 체중과 신장에 맞는 고정 장치를 선택하는 것은 중요하다.

어린이용 카시트

- 태어나서 체중이 9kg이 될 때까지는 뒤쪽을 보게 앉히는 카시트를 사용한다. 체중이 13kg가 될 때까지 사용할 수도 있는 제품도 있다. 에어백이 설치되어 있는 좌석이면 에어백 기능을 정지시켜야 한다.

- 체중이 9~18kg 사이인 아이는 앞을 보는 방향으로 방패형 좌석이나 5개의 띠로 이루어진 안전벨트가 부착된 좌석에 앉혀야 한다.

- 체중이 15~36kg 사이, 3~4세부터는 높낮이를 조절할 수 있는 좌석에 앉힌다. 머리받침이 붙어있는 등받이와 측면보호장치가 있는 제품을 선택하는 것이 좋다.

- 체중이 36kg 이상, 10세 정도에는 어른들처럼 안전벨트를 사용한다.

- 이소픽스 시스템은 카시트를 자동차에 보다 쉽고 보다 효율적으로 설치하도록 해준다. 이 장치가 비싸기는 하지만 그래도 가장 확실하기 때문에 사용하는 것이 좋다.

자동차가 출발할 때마다 아이의 작은 손이 차 문에 끼지 않도록 조심해야 한다. 의사가 아니라 보험회사 사람들이 자주 하는 말이다. 문이 너무 빨리 쾅 하고 닫히는 바람에 평생 장애인이 된 아이들이 드물지 않다.

마지막으로 자동차 뒷문이 잘 닫혔는지, 아이들이 열 수 있는 것은 아닌지 잘 확인해보기 바란다. 자동차에는 어린아이들을 위한 특수 잠금장치가 설치되어 있다.

도로 갓길에 차를 세울 경우에는 아이가 잠이 들었다 해도 절대 혼자 자동차 안에 두어서는 안 된다. 아이가 잠에서 깨어 문을 열었다가 누가 아이를 보기도 전에 다른 자동차에 치일 수 있는 것이다. 아이는 항상 차도 쪽이 아닌 인도 쪽으로 내리게 해야 한다.

아기를 비행기에 태우고 갈 수 있을까?

아이의 건강에 문제가 없다면 태어난 지 2~3주일 되었을 때 비행기에 데리고 타는 것은 아무 문제가 없다. 여행 중에는 아이가 너무 더워하지 않는지 잘 살펴보고, 아기에게 평상시보다 물을 조금 더 먹이는 것이 좋다.

이착륙을 할 때는 아기에게 물이나 우유를 조금씩 주도록 한다. 액체를 삼키면 귀에 공기가 드나들도록 함으로써 기압이 바뀌는 순간에 귀가 아픈 것을 방지한다.

아이에게 비인두염과 심각한 아데노이드, 중이염이 있는 경우에는 이비인후과 의사의 의견을 듣고 비행기에 태우는 것이 좋다.

바다에서 주의할 점

바다의 기후는 거의 대부분의 어린아이들에게 좋지만 몇 가지 주의할 사항이 있다. 바닷가가 사람들을 흥분시킨다는 사실을 부모는 알아야 한다.

● 6개월이 안 된 어린아이는 바닷가에 데려가지 않는 것이 좋다. 더위와 바람, 모래, 태양 때문이다. 달리 어쩔 도리가 없다면 하루에 최대 한 시간씩만 바닷가에 데리고 나간다. 그러나 하루 중 가장 더운 시간에는 아기를 데리고 나가지 말아야 한다. 한참 더운 시간에 아기를 유모차에 혼자 두어서도 안 된다. 아기를 그늘에 앉히고 일정한 시간 간격으로 마실 걸 주어야 한다.

● 아이들에게 가장 큰 위험은 익사다. 어린아이는 20cm 깊이의 바다에서도 익사할 수가 있다. 넘어져서 얼굴이 물속으로 들어가면 다시 못 일어날지도 모른다. 그러므로 아이가 물장난을 치게 내버려두되 아이에게서 눈을 떼지 말고 아이에게 완장형 튜브를 채워주는 것이 좋다.

● 물속에서 너무 오래 머무르게 하지 말아야 하는데 처음 며칠 동안은 특히 그렇다. 어린아이들에게 해수욕은 진짜 해수욕이 아니라 그냥 물장난이다. 그러니 아이가 노는 대로 그냥 내버려두는 것이 좋다. 아이가 물속에 들어가서 앉았다가 다시 일어섰다가 백사장을 뛰었다가 작은 모래 언덕을 만들었다가 다시 돌아가서 몸에 물을 묻히는 것을 그냥 보고만 있으면 된다.

● 아이가 물을 무서워하면? 그건 너무나 정상이다. 바다는 넓고 위험하고 시끄러운 소리를 내는 곳이다. 갑작스러운 방법을 사용하면 안 된다. 아이가 물가에서 공놀이를 하면서 물과 함께 놀고 모래밭에 수로를 파면서 물에 익숙해지도록 하는 것이 좋다. 부모가 강요하지 않더라도 아이는 언젠가는 자신도 모르는 사이에 물속에 들어가 있을 것이다.

● 아이가 해파리를 만진 후 불안해하거나 불편해하고 열이 있으면 의사에게 데려가야 한다. 알레르기 증상을 보일 수 있다.

● 더위에 오랫동안 노출되거나 땀을 많이 흘린 아이는 냉수쇼크의 위험이 있으므로 물속에 서서히 들어가야 한다.

산에서 주의할 점

건강 상태가 좋은 아이는 나이에 상관없이, 신생아라도 고도 변화를 아주 잘 견뎌낸다. 고도에서 산소가 희박해지는 현상은 해발 2,000~2,500m 이상 올라가야 나타난다. 요양지나 겨울스포츠 휴양지는 2,000m를 넘는 경우가 드물기 때문에 중간 높이의 산에서 다소 오랫동안 머무는 것은 문제가 되지 않는다. 게다가 산의 오염되지 않은 공기는 천식을 앓거나 이비인후과 계통의 질환에 자주 감염되는 아이에게는 좋은 영향을 미친다. 그러나 햇볕을 조심해야 한다. 선글라스를 쓰고, 선크림을 최대한 많이 발라야 하며, 챙이 넓은 모자를 써야 한다.

스키를 몇 살 때부터 타게 해도 좋은지 질문을 자주 받는다. 평균 만 5, 6세면 시작하기 좋은 나이로서, 이때가 되면 아이가 스키를 즐길 수 있다. 좀 더 일찍 만 3, 4세 때 시작하는 아이들도 있다. 그러나 아이가 금방 피로해하고 오한이 든다는 사실을 잊지 말아야 한다. 어떤 부모들은 활강 스키를 타건, 노르딕 스키를 타건 항상 아기를 등에 업고 다닌다. 이런 경우 아이가 옷을 두껍게 입었다고 해도 전혀 움직이지 않기 때문에 무척 추워할 우려가 있다. 스위스에는 그게 금지되어 있다고 쓰여있는 큰 알림판이 있다. 실제로

아기 발에 동상이 걸리는 사고들이 일어나기도 했었다. 또 아이가 스키 활강로에 있을 때는 반드시 방한모를 써야 한다.

시골에서 주의할 점

휴가라는 것이 반드시 바다나 산에 가서 지내는 것만을 의미하지는 않는다. 공기가 바뀌는 것은 도시에 사는 어린아이들에게는 좋은 일이어서 아이가 시골에 머무르면 큰 도움이 된다. 사람 많고 교통 복잡한 것이 대도시나 다를 바 없으며 아무리 기후가 좋아도 해변에 오래 머무르다 보면 결국은 피곤해지는 유명 피서지에서 보내는 휴가보다 더 나을 것이다.

시골은 사육장과 초원, 암소, 처음 들어보는 소리와 냄새를 의미한다. 움푹 움푹 파인 길을 뛰어다닐 수도 있고 나무에 기어 올라갈 수도 있다. 아이들은 부모와 함께 자연을 발견하러 떠나는 것을 좋아할 것이다. 아이들은 부모가 매일 같이 살면서 받는 스트레스를 떨쳐버리고 자기랑 놀아줄 준비가 되어 있다고 느낀다.

그러나 시골에는 위험도 존재한다. 가장 큰 위험은 강에서의 수영이다. 익사의 위험 외에도 많은 강들이 오염되어 있으니 관계기관에 알아보기 바란다.

독사가 사는 지역에서 휴가를 보낼 경우 가시덤불로 뒤덮인 장소를 산책할 때는 반드시 아이에게 장화를 신겨야 한다. 장화를 신으면 진드기에 물리는 것도 예방할 수 있다.

태양 : 좋은 점과 나쁜 점

피부는 숨을 쉬어야 하며 맑은 공기는 피부에 꼭 필요하다. 태양도 마찬가지다. 비타민D는 자외선의 영향으로 형성되며, 뼈의 성장에 기여한다. 햇볕이 즐겁고 편안한 느낌을 많이 줄수록 정신적으로도 좋다. 그러나 어렸을 때 햇볕에 지나치게, 또 자주 노출되면 더위를 먹을 뿐만 아니라 성인이 되었을 때 피부암인 악성 흑색종의 출현 요인 중 하나가 된다고 알려져 있다.

태양으로부터 보호

- 6개월이 안 된 아기들은 햇볕에 노출시키지 말아야 한다. 파라솔 아래서라도 안 된다. 모래는 위험한 광선을 반사시키기 때문이다.

- 정오와 오후 4시 사이는 가장 위험한 시간대이므로 햇볕에 노출시키는 것을 피한다. 대신 낮잠을 자거나 그늘에 있는 것이 좋다.

- 자외선 방지제를 최대보호지수까지 이용해서 아이를 보호한다. 가장 연약한 하얀 피부를 가진 어린아이들에게는 더 중요하다. 해수욕을 할 경우에는 매시간 선크림을 다시 발라준다.

- 배를 타고 유람할 때처럼 오랜 시간 햇볕에 노출될 경우에 가장 좋은 보호책은 옷을 입는 것이다. 아이에게 티셔츠를 입힌다.

- 휴가를 보내러 온 아이는 옷을 서서히 벗어야 한다. 첫날 옷을 다 벗는 게 아니라 윗통을 벗는 데 며칠에 걸쳐야 한다.

- 어린아이가 태양 아래서 꼼짝 안 하고 있으면 안 된다. 움직이고, 이따금 그늘에 가야지 계속 해수욕 자세로 있으면 안 된다.

- 모자와 선글라스를 쓰는 습관을 들여야 한다.

- 태양광선의 영향은 산에서도 강력하므로 주의를 기울여야 한다.

TiP

더울 때 주의해야 할 사항

아기는 몸을 식히는 목욕을 자주 시켜주고 시원한 물을 자주 주어야 한다. 목욕을 하거나 물을 마시고 싶지 않다면 아기가 알아서 거부할 것이다. 더울 때는 의사의 처방 없이는 우유를 바꾸지 않는다. 조금 더 큰 아이는 물을 그다지 필요로 하지 않으므로 차가운 물로 샤워하고 음료를 마시도록 하면 된다. 아이에게 신선한 채소와 과일, 치즈, 유제품 등을 먹인다.

시기별 아이의 자율성 ①
혼자 먹는 법

부모들은 아이가 저 혼자 알아서 잘 하기 시작하고, 덜 의존적으로 될 순간들을 꿈꾼다. 그렇지만 아이가 몇 살 때부터 할 수 있는지는 잘 모른다. 우선 아이가 혼자 먹는 법을 배우는 단계에 대해 소개한다.

4~5개월

손을 젖병 위에 올려놓지만 잡을 줄도 모르고 입에서 떼어낼 줄도 모른다. 숟가락으로 죽을 뜨기 시작한다.

6개월

아이를 무릎 위에 올려놓고 잔에 든 마실 것을 줄 수 있다. 처음에는 컵의 가장자리를 빤다.

8개월

자기 의자에 앉는다. 난생 처음 식탁에 앉아보는 것이다. 조금 더 일찍 의자에 앉히는 부모들도 있지만, 그러면 아이가 편하지 않다.

9개월

젖병을 잡아서 혼자 힘으로 입 속에 집어넣고 다 마시면 다시 끄집어낸다. 처음에는 너무 급하게 마시다가 목이 막힐지도 모르니 지켜보고 있어야 한다. 비스킷을 주면 그걸 다섯 손가락 모두로 붙잡은 채 너무나 맛있게 빨지만, 몸을 많이 더럽힌다. 이 시기의 아이는 손가락으로 음식물 집는 것을 좋아하지만 여기저기 튀긴다.

12개월

비스킷을 집게손가락과 엄지손가락 사이에 쥔다. 입에서 뭘 끄집어낼 줄 안다. 빵 덩어리를 주어도 안심이 된다. 어떤 요리인지 알고 거부하기도 한다.

15개월

원하는 것을 손가락으로 가리킨다. 혼자 두 손으로 컵을 잡을 수 있으며, 혼자 숟가락질을 하려고 애쓰지만, 대부분은 숟가락을 거꾸로 든다.

18개월

단단한 음식물에 숟가락을 사용하고, 유리컵을 잡는데 자주 엎는다. 혼자서 먹는 걸 좋아하지만 잠시 후에 피곤해져서 도와주기를 원한다.

21개월

이제 혼자서 모든 것을 먹을 수 있지만, 아직까지는 아주 깨끗하게 먹지 못한다. 작은 숟가락으로 음식물 조각을 쿡쿡 찌르는 걸 좋아한다.

만 2세

지금까지는 식사 때마다 손수건이 필요

했지만 이제 식사가 끝날 때가 되어도 손수건이 거의 깨끗하다. 그러나 조심해야 한다. 하루는 잘 먹어도 그 다음 날은 또 더럽게 먹을 수 있다. 다른 영역에서와 마찬가지로 이 영역에서도 습득은 아직 결정적으로 이루어지지 않았다.

자기를 돌봐주기를 원하면 더 이상 혼자 먹을 줄 모르는 척 하면서 신생아처럼 먹여주기를 원한다. 아이가 먹여주기를 바라면 '넌 이제 다 컸잖아'라고 말하며 거절하지 말자. 몇 수저 먹고 난 뒤에 다시 혼자 먹으려고 할지 모른다.

이 나이에는 잔을 한 손으로 쥘 수 있다.

아이의 관례에 관한 애착은 식탁에서도 나타난다. 식사가 항상 같은 식으로 이루어지고 잔이나 냅킨 등의 물건이 다시 같은 자리에 놓이는 것을 좋아하는 것이다. 거의 강박관념의 정도이다. 그래도 놀랄 건 없다. 이 나이 때는 그러는 게 정상이다.

만 2세 6개월

포크를 잘 다루지만 아직은 숟가락이 필

요하다. 먹을 음식을 제 손으로 직접 가져다 먹으려고 하지만 아직은 조금 힘들다. 그러나 몹시 자랑스러워할 테니 그냥 내버려두자. 모든 건 더 일찍 내버려둘수록 아이는 더 빨리 잘 할 수 있게 된다.

만 3세

이 나이 때부터는 식탁에서 단정하게 행동하기 시작하므로 친구 집은 물론 식당에도 데려갈 수 있다. 아이는 점점 더 능숙해진다.

만 4세

칼로 빵에 버터를 바르거나 치즈를 자를 수 있지만, 고기나 단단한 과일을 자를 정도의 힘은 아직 없다. 6세나 7세는 되어야 그렇게 할 수 있을 것이다. 수저와 컵을 식탁에 놓고 식사 준비를 하는 것을 좋아한다.

시기별 아이의 자율성 ②
혼자 입는 법

혼자 옷 벗는 것을, 특히 혼자 옷 입는 것을 배우기 위해서는 몇 년의 시간이 필요하다. 아이가 함께 하려고 애쓸 때는 지금 무얼 하고 있는지를 아이에게 말해주고, 서두르지 말고 아이의 리듬에 맞춰주는 것이 좋다. 아이가 어느 날 혼자 옷을 입게 되기까지 어떤 단계를 거치는지 알아보자.

1개월

누가 옷을 입혀주는 것도, 옷을 벗겨주는 것도 좋아하지 않는다. 목이 좁은 옷을 머리 쪽으로 집어넣으면 운다.

7개월

신발을 벗자마자 바로 입으로 가져가며 재미있어 한다.

만 1세

옷을 입을 때 협조하기 시작한다. 부모가 내미는 옷소매에 팔을 집어넣기도 하고, 바지를 입힐 수 있도록 다리를 내밀기도 하며, 양말을 신길 수 있도록 발도 내민다.

15개월

모자와 신발, 바지. 이 세 가지가 특히 더 아이의 관심을 끈다. 그래서 외출을 할 때가 되면 모자를 쓰는 동작을 한다. 잠이 오면 신발을 벗고 자리에 눕는 시늉을 하며, 몸이 더러워지면 바지를 벗는 동작을 한다.

벙어리장갑을 끼지는 못하지만, 대부분 벗을 수는 있다. 이 나이의 아이에게 옷을 입히려면 진땀깨나 빼야 한다. 억지로 옷을 입히거나 놀이를 하는 척 하면서 입혀야 한다. '우리 아가, 손은 어디 있지?'라든가 '자, 여기 발이 있네?'라고 말하면서.

18개월

폭이 넓은 지퍼를 열 수 있다.

만 2세

지금까지는 아이에게 옷을 입혀주어야만 했다. 물론 아이가 옷을 입혀주는 사람을 도와주기는 했지만 말이다. 이제 아이는 혼자 옷을 입고 싶어 한다. 그러나 성공하지는 못한다. 바짓가랑이 하나에 발 두 개를 다 집어넣기도 하고 모자를 삐딱하게 쓰기도 하는 것이다.

만 2세 6개월

같은 순서로 옷을 입혀주고 벗겨주는 것을 좋아한다. 누가 단추를 풀어주기만 하면 옷을 벗을 수 있다. 끈이 없는 신발을 혼자 신기 시작한다.

만 3세

윗옷의 단추를 푼다. 혼자서 잠옷이나 외투를 걸치지만, 아직은 단추를 채우지 못한다. 부탁을 하면 자기 옷을 정돈하고 개고 차곡차곡 쌓는 것을 도와준다.

만 3세 6개월

사실상 거의 혼자서 옷을 벗는다. 부탁을 하면. 아직도 아이를 힘들게 하는 문제는 목과 소매, 특히 단추다.

만 4세

옷의 앞뒤를 구분하기 때문에 별다른 도움 없이 옷을 입을 수 있다. 큰 단추를 채울 줄 알고, 모자도 똑바로 쓸 줄 알며, 장갑도 낄 줄 안다. 신발 끈은 여전히 장애물이어서 만 5~6세나 되어야 맬 수 있다. 자기가 입을 옷을 직접 고르면서 즐거워한다.

배변 훈련

대개는 18개월에서 24개월 사이에 배변 훈련을 할 수 있지만, 아이는 자기만의 계획을 가지고 있다. 여기에는 아이의 감정 상태나 부모의 태도가 영향을 미친다. 부모가 안달하느냐 여유를 가지느냐에 따라 아이는 기저귀 떼는 법을 더 빠르게 또는 더 늦게, 그리고 더 쉽게 또는 덜 쉽게 배운다.

배변 훈련의 의의

배변 훈련은 대개 두 돌 경에 시작된다. 그러나 아이가 두 돌 반부터 기저귀 떼는 것을 배운다고 해서 늦은 것은 아니다. 아이에게 화장실에서 대소변을 본다는 것은 여러 가지를 의미한다.

아이에게 화장실에서 변을 본다는 것은

- 자신의 장이나 방광을 비워낼 필요가 있다는 사실을 깨닫는 것
- 욕구를 충족시키기 위해 기다릴 줄 아는 것
- 변기를 이용함으로써 부모를 기쁘게 해주려고 하는 것
- 너무나 편안한 기저귀를 포기하는 것

즉 당장 느낄 수 있는 편안한 기저귀를 포기하고 기다림을 배우는 과정인 것이다. 따라서 잘 걷고 계단을 올라가거나 내려갈 줄 알게 되고 나서 18개월쯤에 보통 보이는 행동 양식을 보이는지, 즉 일정한 발달단계에 도달한 것인지 확인할 필요가 있다. 또 감정적, 정서적 발달과 밀접한 관련이 있기 때문에 아이의 감정이 혼란스럽지 않아야 한다.

배변 훈련의 시작

아이가 놀거나 휴식을 취하기 위해 앉아 있는 것과 실내용 변기에서 일을 보기 위해 앉아있는 것을 혼동하지 않도록 별도의 실내용 변기에, 즉 작은 의자에 끼워 넣는 실내용 변기에 앉히는 것이 좋다. 어떤 아이들은 화장실 좌변기를 이용하는 것을 더 좋아한다. 아이가 변기에 제대로 잘 앉을 수 있도록 아기용 시트를 설치할 수 있다.

아이를 관찰해보면 자기 나름대로의 방법으로 요구하곤 한다. 아이들은 알아서 협조한다. 만족시켜야 할 욕구가 생겼을 때 아이는 어떤 특별한 단어를 말하거나, 어떤 몸짓이나 태도를 보여준다. 어떤 아이들은 투덜거리고, 또 어떤 아이들은 쭈그리고 앉으며, 자꾸 바지를 끌어올리는 아이들도 있다.

실내용 변기에 얼마나 있도록 해야 할까?

아이를 규칙적으로 실내용 변기에 앉히

자. 몇 분이 지났지만 아이가 일을 보지 않았더라도 더 이상 앉아있으라고 하지는 않는다.

실내용 변기를 위협이나 구박의 수단으로 삼으면 안 된다. 아이가 얌전히 있도록 하기 위해 실내용 변기에 앉히면 안 된다. 또 일단 아이가 실내용 변기에 앉으면 끼어들지 않는다. 누가 결과를 기다리고 지켜보면 아이는 긴장하여 아무 것도 할 수 없다.

서서히 기저귀 대신 팬티를 입힌다. 팬티에 오줌을 싸는 것은 기저귀에 오줌을 싸는 것보다 더 거북하다. 거북할지도 모른다는 두려움 때문에 제 때 오줌을 쌌다고 알릴 수 있다. 실내용 변기에 앉고 나면 밤에는 기저귀를 채우고 아침에는 팬티를 입힌다. 시도가 성공하면 낮잠을 자고 일어났을 때도 다시 팬티를 입히는 것이 좋다.

아이에게 있어 팬티는 일종의 수준 향상이어서 아주 자랑스러워한다. "난 더 이상 아기가 아냐." 그리고 아이는 늘 뽀송뽀송하게 있는 데에 자기도 어떤 역할을 해낼 수 있다는 걸 금방 알아차린다. 아이가 실내용 변기에 갈 때까지 뽀송뽀송하게 있는 데 성공할 때마다 칭찬을 해

주는 것이 좋다.

두 돌에서 두 돌 반부터 남자아이는 서서 오줌을 눈다. 아이는 그걸 자랑스러워하기 때문에 배변 훈련이 보다 쉬워질 수 있다.

배변 훈련은 아이에 따라 다르게 이루어진다. 어떤 아이들은 언제든지 배변을 조절하고 때로는 밤과 낮에 동시에 기저귀를 뗀다. 오랫동안 잘 하다가 다시 오줌을 싸는 아이들도 있다. 좀처럼 가리지 못하던 아이가 유치원에 들어간다는 기대로 인해 기저귀를 떼는 경우가 많다.

TiP

아이가 어린이집에 다닐 경우

교육적 태도와 학습 연령, 관용도가 집에서와는 달라질 수도 있다. 어린이집에는 아이들의 키에 맞게 조절된 화장실이 갖추어져 있다. 중요한 것은 부모의 요구와 아이를 받아들이는 보호 방법 사이에 갈등이 없어야 한다는 사실이다. 어려움을 느낄 경우에는 주저하지 말고 담임선생님과 상의해야 한다.

아이를 밤중에 잠자리에서 일으켜 세워야 할까?

아이는 충분한 성숙도에 도달하면 자기 혼자서 변을 가린다. 그러니 아이를 잠자리에서 일으켜 세우는 것은 쓸모도 없고 심지어는 해롭기까지 하다. 아이는 아무 것도 배우지 못할 뿐만 아니라 대부분 다시 잠들지 못하기 때문이다. 많은 아이들이 두 돌 반에서 세 돌 사이에 밤중에도 자발적으로 화장실에 가며, 그보다 더 늦어지는 아이들도 일부 있다. 유뇨증은 만 5세 이후에 나타난다.

실내용 변기에 앉기를 거부하는 아이

때로는 아이들이 실내용 변기에서 용변 보는 걸 절대 거부하기도 한다. 물론 실내용 변기에 억지로 앉힐 필요는 없다. 그냥 얼마 동안 실내용 변기에 앉히는 걸 중단했다가 신중하게 다시 시도해야 한다. 이건 끈기의 문제다.

참는 아이

세 돌이 되어 아이가 놀이와 하는 일에 완전히 몰두하게 되면 놀이를 그만 둘 수가 없어서 화장실에 가느라 방해를 받느니 그냥 참는 일이 생기기도 한다. "화장실에 가!", "안 가고 싶어!" 계속해서 화장실에 가라고 주의를 주고 아이는 또 거기 반항하는 것보다는 나중에 아이에게 대변이 얼마나 중요한지, 그리고 건강하려면 대변을 배설해야 한다는 사실을 설명하는 것이 좋다. 어른들은 아이가 그 나이에는 어려워 보이는 개념들을 너무나 잘 이해하는 걸 보며 때로 놀라기도 한다.

마지막 순간까지 기다렸다 소변을 보러 가는 아이의 경우에도 마찬가지다. 낮에 소변을 보는 것이 얼마나 중요한지, 그리고 그래야 더 편하다는 사실을 아이에게 설명해주는 것이 좋다.

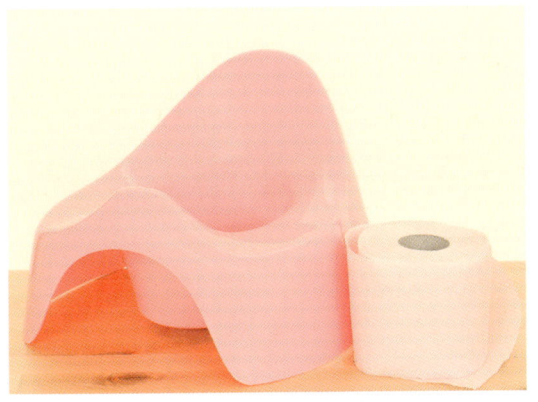

4

J'ÉLÈVE MON ENFANT

Laurence PERNOUD

내 아이는 지금 무슨 생각을 할까

이 장에서는 아이가 태어나서 학교에 갈 때까지 아이의 머리와 심장 속에서 무슨 일이 일어나고 있는지, 무엇이 욕구를 만들어내는지, 무엇이 이런저런 동작을 취하게 하는지, 무엇이 특정한 반응을 불러일으키는지에 대해 월별로 나누어 차근차근 얘기할 것이다. 태어난 지 9개월 되는 아이가 자신의 장난감을 스무 번씩 방바닥에 내던지고, 15개월 된 아이가 닥치는 대로 만지고, 18개월 된 아이가 벌써부터 자유를 꿈꾸는 것이 정상이라는 것을 읽게 될 것이다. 아이의 취향과 욕구를 알면 아이를 더 잘 이해하고, 더 잘 키우고, 아이를 키우는 데서 더 큰 즐거움을 만끽할 수 있다.

태어난 순간부터 1개월까지

01

제4장 내 아이는 지금
무슨 생각을 할까

우리 아이는 뭘 보지? 우리 아이는 뭘 느끼는 걸까? 이제 신생아가 느끼고 원하고 기대하는 게
뭔지, 우리가 신생아에게 기대할 수 있고 줄 수 있는 것은 뭔지 알아보자.

아기는 오감으로 느끼고 표현한다

처음에 아기들은 무척 다르다. 각자 자신만의 리듬을 가지고 있으며, 어떤 아이들은 더 활발하고, 또 어떤 아이들은 덜 예민하다. 부모에게 가장 중요한 것은 태어난 아기의 전반적인 가능성을 알아내는 것이다. 아기가 눈, 귀, 코, 피부, 입의 모든 감각을 통해 부모들과 만날 준비가 되어있다는 사실도 알아야 한다. 바로 이것을 아기의 능력이라고 부른다. 즉 아기는 자신에게 관심을 보이는 어른에게 필요로 하는 반응을 일으킬 수 있는 것이다. 아이는 소통할 준비가 되어있으니 이제 부모는 응답하기만 하면 된다. 그러면 대화, 손길과 말, 미소, 소리, 거울 놀이로 이루어진 무궁무진한 대화가 시작될 것이다.

출생 1일부터 1개월까지

두 팔과 두 다리를 몸 쪽으로 구부리고 있는 신생아의 본능적인 자세는 태어나기 전의 자세에 가깝다. 아기는 자궁막에 둘러싸인 채 몸을 둥글게 웅크리고 있었다. 어떤 신생아들은 외부세계의 경계 부재를 잘 견디지 못해 몸을 기댈 지지물을 찾아 무질서한 몸짓과 손짓을 하기도 한다. 신생아들은 무엇인가에 둘러싸이고 지탱된다고 느끼면 안심하고 진정한다. 아기를 포대기로 싸는 것이 다시 관심을 끄는 게 바로 이 때문이다.

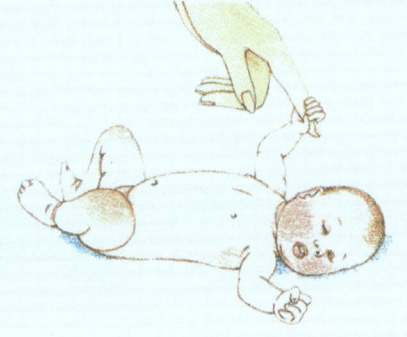

아기의 손을 만지면 아기의 손가락이 엄마의 손가락을 꽉 움켜쥐는 걸 느낄 수 있다. 신생아는 손가락들이 하얗게 변할 만큼 꽉 쥘 수가 있다. 발바닥에도 똑같은 반사 신경이 있다. 신생아는 누가 두 발을 지탱해주면 걷고, 입술을 만지면 빠는 등 여러 가지 반사 신경을 가지고 있다. 의사는 아기가 건강한지 보기 위해 여러 반사 신경을 확인한다.

잠자는 아기의 상태

아기는 평온하고 깊은 잠을 자고 있다. 그 어느 것도 아기의 표정을 흐트러트리지 못한다. 아기가 숨을 쉬고 있는지 확인하려고 엄마는 고개를 숙인다. 별안간 모든 것이 완전히 달라진다. 아이는 몸을 심하게 움직이고, 몸을 떨고, 얼굴을 찡그리고, 한숨을 내쉬고, 미소 짓는다. 악몽을 꿔서 그렇게 몸을 심하게 움직이는 것일까? 아기는 이마를 찡그리고 눈썹을 찌푸리며, 훌쩍거리고, 중얼거리고, 불평하고, 손가락을 빤다. 꼭 잠에서 깨어나고 있는 중인 것 같다. 안아주고 싶어도 그러지 않도록 조심해야 한다. 아기는 깨어있는 것처럼 보이지만 그와 동시에 잠을 자고 있어서 역설적이라고 부르는 수면 단계에 있는 것이다. 아기는 배가 고픈 것이 아니니 계속 잠을 자도록 내버려두자. 때가 되면 아기는 누군가 나타날 때까지 큰 소리로 울어댐으로써 자기가 배고프다는 걸 알릴 것이다.

아기는 다시 깊은 잠에 빠진다. 여러 가지 수면 단계를 여러 번 거친 다음 느닷없이 젖을 달라고 요구한다. 이 순간을 기다렸다가 아기를 안아야 아기의 잠이 불규칙해지 않는다. 안 그랬다간 아기의 밤은 물론 엄마의 밤도 방해받게 된다. 실제로 한참 잠을 자고 있는 아기를 한숨을 내쉰다고 안아주면 수면장애를 일으킬 수가 있다.

대화를 원하는 아기의 표정

때로는 젖을 먹고 나서 아기가 금세 다시 잠이 든다. 또 잠시 동안 행복한 표정을 지으며 깨어있기도 한다. 아기의 표정은 주의를 환기시킨다. 아기는 엄마를 뚫어지게 쳐다보며 어떤 신호를, 어떤 말을 기다리는 것 같다. 그 신호나 말이 자신에게 오면 아기는 몸을 심하게 움직이고, 눈을 깜박이고, 얼굴과 목소리를 동시에 따라가기 위해 더 한층 정신을 집중시키는 것 같다. 아기는 몇 분 동안 완전히 몰두할 수 있다. 잠시 후에 피곤해진 아기는 고개를 돌리고 '이제 그만할래요'라고 말하는 듯 보인다. 아기의 이런 생각을 존중하여 아기가 자발적으로 다시 원할 때까지 기다렸다가 대화를 재개해야 한다. 아기는 주의를 환기시키는 얼굴 표정을 통해 대화를 원한다는 걸 보여준다.

처음 며칠 동안은 아기의 주의 환기 상태가 겨우 몇 분밖에 지속되지 않는다. 하루가 지나고 이틀이 지나면서 주의를 기울이는 시간은 점점 더 길어지고, 교환의 폭은 눈과 말, 몸짓, 손길, 노래 등에 의해 더 한층 넓어진다. 모든 것이 하나하나 만들어지고 발견된다. 각각의 변화를 살펴보자. 아기는 새로운 말과 새로운 소리를 갖고, 더 자주 눈을 뜨며, 엄마를 찾고 몸을 부지런히 움직이고 미소를 짓는다.

하루하루가 지나면서 관계는 더욱 더 밀접해지고, 불안은 애정으로 바뀐다. 오해도 하고 울기도 하지만, 서서히 조정이 이루어진다. 후앙 데 아후리아게라의 말처럼 아이가 엄마를 만들고 엄마가 아이를 만드는 것이다.

신생아는 무엇을 좋아할까

- 신생아가 가장 좋아하는 것은 엄마와 함께 있는 것, 엄마 품에 안겨있는 것이다. 신생아는 젖을 빠는 것과 자기를 안고 조용히 흔들어주는 것, 기저귀를 갈아주는 것, 목욕시켜주는 것을 좋아한다. 신생아는 또 목욕을 하고 나서 다리를 자유롭게 움직이다가 다시 새 기저귀를 차고 부모가 해주는 이야기에 귀 기울이는 것도 좋아한다. 온몸을 흔들 때 누군가가 옆에서 함께 즐거워해주면 좋아한다. 신생아는 엄마의 목소리를, 엄마의 손이 닿는 것을 좋아한다.
- 신생아는 조용한 것, 부드러운 빛을 좋아한다.
- 아기가 주먹을 꽉 쥐거나 몸을 뒤틀고 있으면 몸을 가볍게 주무르거나, 손을 톡톡 건드리거나, 등을 살살 두드리거나, 품에 안고 조용히 흔들면서 진정시켜 주자. 아기는 물론 엄마도 즐거워질 것이다.

이 과정에서도 역시 상호작용이 이루어진다. 신경질적인 아이는 돌보는 사람을 짜증나게 만들고, 온화한 아이는 돌보는 사람의 긴장을 풀어준다. 아기가 너무 울 때는 감정을 잘 다스려 침착함을 유지하면서 엄마의 평정 상태를 아기에게도 전달해주는 것이 중요하다.

신생아가 안 좋아하는 것

- 배가 고프거나 목이 마를 때
- 옷을 지나치게 많이 입거나 덜 입고 있을 때
- 꽉 끼는 옷, 특히 고무줄이 끼는 옷을 입고 있을 때
- 엉덩이 밑을 받치지 않고 안을 때
- 공중으로 던져 올릴 때. 현기증이 난다.
- 자기 방에서 시끄러운 소리를 내며 오갈 때. 높은 언성, 라디오, 텔레비전, 쾅 하고 닫히는 문, 담배연기 등.

아기가 밤중에 운다고 해서 변덕스럽고 까다롭다 말하면 안 된다. 아기는 아직 낮과 밤을 구별하지 못하며, 특히 엄마 배 속에서 원하는 대로 먹었기 때문이다. 아직은 공복 상태로 여러 시간 동안 버틸 재간이 없다.

시각 자극에 대한 아기의 변화

아기는 엄마를 분명하게 바라본다. 엄마

의 목소리를 감지한 아기는 소리가 들려오는 쪽으로 고개를 돌리고 눈을 뜬다. 최초의 시선은 엄마의 목소리와 연관된다. 엄마의 얼굴은 아기를 유인한다. 아기는 몇 초 동안 엄마 얼굴을 뚫어지게 쳐다보다가 눈을 돌리기를 몇 번 되풀이한다. 루이 상데르의 연구에 따르면 아기는 태어난 지 10일경에 엄마의 목소리를 알아듣는다고 한다.

아기를 품에 안으면 엄마 얼굴은 아기에게서 딱 20cm 떨어지는데, 거기서 아기는 엄마 얼굴을 가장 잘 본다. 신생아는 시각을 거리에 잘 맞추지 못한다. 50cm 너머에서는 아주 흐릿하게 보지만 그보다 가까운 거리에서는 엄마의 표정을 분간할 수가 있다.

신생아는 낮과 밤을 구분할 뿐만 아니라 붉은 것, 흑백의 대비, 반짝이는 것에 이끌린다.

청각 자극에 대한 아기의 변화

신생아는 태어나기 전부터 들을 수 있었다. 아기는 태어나기 전, 임신 5개월째부터 들으며, 태어날 때면 아기의 청각은 이미 예민해져 있다. 그걸 알아차리는 것은 쉬운 일이다. 아기는 자기를 부르는 목소리 쪽으로 고개를 돌리고, 무슨 시끄러운 소리가 갑자기 나면 소스라친다. 연구에 따르면 아기는 태어나기 전에 들었던 음악을 알아들으며, 모르는 음악보다 들어본 음악을 더 좋아한다고 한다. 그리고 모국어를 알아듣고 좋아할 뿐 아니라 모국어의 어조를 듣고 감정을 구분하기까지 한다고 한다.

미각 자극에 대한 아기의 변화

예루살렘 대학의 스타이너 박사는 이미 고전이 된 사진들을 찍었다. 이제 막 태어난 아기가 단맛을 보자 미소를 짓는데 짠맛을 보자 얼굴을 찡그린다. 이 아기는 마늘 냄새를 맡자 정말 역겹다는 표정을 짓는다. 그 사진들을 제 1권 〈세상에서 가장 많은 부모들이 보는 임신 출산〉에서 볼 수 있다.

더 최근에 베노이스트 슈알 박사는 여러 가지 테스트를 통해 몇 가지 사실을 확인하였다. 신생아는 자기 양수에서 나는 냄새를 식별하고 좋아한다는 것이다. 또 엄마의 초유 냄새도 식별하고 좋아한다고 한다. 우유를 먹을 경우에는 며칠이 지나야 자신의 양수보다 우유를 더 좋아할 수 있게 된다. 요컨대 아이는 그가 태어나기 전에 알았던 소리와 맛, 냄새를 구별하고 좋아하는 것이다.

후각 자극에 대한 아기의 변화

이미 오래 전부터 아기의 후각은 일찍부터 발달되며, 그것이 아이가 자기 엄마를 알아보고 서로 간에 애착을 느끼는 데 중요한 역할을 한다는 사실이 확인되었다. 위베르 몽타냐르와 베노이스트 슈알은 아기가 태어난 지 3일째부터 냄새를 식별할 수 있다고 주장한다.

아기가 엄마 체취를 식별하는 것은 치료의 효력을 갖기까지 한다. 한 신경과 의사는 엄마의 체취가 가지는 진정 효과를 이용하여 수면장애를 치료했다고 보고하였다. 어떤 아이들은 엄마가 가지고 다니는 손수건을 귀 위에 놓아주자 약을 복용하지 않고도 다시 잠드는 법을 배웠다는 것이다. 마찬가지로 조산아들 역시 엄마의 목소리나 심장 리듬에 진정되는 것처럼 엄마의 젖가슴에서 나는 체취에 진정되었다는 것이다.

촉각 자극에 대한 아기의 변화

신생아는 자기를 만지는 방법이나 손동작에 아주 민감하다. 어떤 동작들은 신생아를 진정시키는 반면 또 어떤 동작들은 불안하게 만든다. 아이는 즐거움과 불쾌함을 너무나 잘 표현하기 때문에 부모들은 이런 사실을 금세 알 수 있다. 부모들은 아이의 몸짓과 동작, 손을 쥐었다 폈다 하는 것, 몸의 힘을 빼거나 수축시키는 것을 관찰함으로써 아이가 무엇을 좋아하는지 금방 알게 된다. 과학자들은 아기가 이런 접촉을 둘러싼 감정에 얼마나 민감한지도 알아냈다.

특별한 의학적 이유가 없다면 출산 후에 아기를 엄마로부터 떼어놓지 않는 게 중요하다. 엄마는 이제 막 나은 아이를 바로 피부와 피부가 서로 맞닿도록 옆에 잘 눕히고 보살필 수가 있다. 아기가 추위를 타지 않도록 아기의 몸을 부드럽게 닦고, 콧구멍이 막혀있으면 부드럽게 빨아들이면 된다. 몸무게를 재는 등의 다른 검사들은 조금 더 기다렸다 해도 된다. 엄마의 배 위에 놓인 대부분의 신생아들은 본능적으로 엄마의 젖가슴을 찾는다.

1개월에서 4개월까지

아이는 주변사람들을 정성들여 관찰하고, 얼굴을 주의 깊게 살펴본다. 그러다 한 가지 중요한 사건이 일어나는데 어느 날 엄마, 아빠를 향해 미소를 짓는 것이다. 이때쯤부터는 보통 아기가 밤낮을 구별하고, 부모의 생활을 한결 편하게 만들기도 한다.

생활의 리듬을 찾는다

아기의 삶에서 이 두 번째 단계가 진행되는 동안 아기는 그때까지 잠을 제대로 자지 못했을 엄마 아빠가 편안한 밤을 맞도록 도와줄 것이다. 1개월에서 4개월 사이에 우는 게 조금씩 줄어들기 때문이다.

3개월에서 4개월 사이에 모든 게 호전되는 것은 아기가 잠자는 것과 먹는 것의 두 가지 주요한 일을 서서히 잘 해내기 때문이다. 처음에는 반수면상태가 계속 이어지다시피 했으나 이제는 진짜 잠을 자는 단계로 접어들어 잠을 더 잘 자면서 시간으로는 덜 잔다. 초기에는 가볍고 불안정한 잠을 자지만 이어서 편안하고 깊은 잠을 자게 되는데, 밤에는 6~7시간씩 계속해서 잠을 잔다. 어떤 신생아들은 하루가 끝나갈 무렵 규칙적으로 울지만 그것도 생후 3개월 무렵에는 그친다. 많은 아기들을 괴롭히는 배앓이가 이때쯤이면 사라지기 때문이다.

소화도 잘 된다. 구토와 트림도 사실상 사라지는데, 아기가 더 이상 게걸스럽게 엄마의 젖가슴이나 젖병에 덤벼들지 않아서이기도 하다. 태어난 지 3개월 되는 아기는 덜 울고, 더 잘 자고, 잘 먹음으로써, 슬슬 자기 주변에서 일어나는 일에 깊은 관심을 갖기 시작한다.

하루가 체계적으로 조정된다

이때쯤이면 아기의 생활은 잘 조정된다. 수유에 이어 옷 갈아입기와 점심 이후에 낮잠 자고 나서 옷 갈아입기, 외출, 목욕이 이어지고, 다시 시작된다. 매번 똑같은 동작이 되풀이되고 똑같은 사람이 등장하며, 첫 아이라면 한층 더 규칙적이다. 이런 장면과 반복을 통해 아기는 조리 있고 안정적인 세계관을 가지고, 감정적 안전이라는 꼭 필수한 요소를 획득한다. 장 피아제는 이 장면들을 그림이라고 불렀다. 태어난 지 5~6주일 되는 어린 아기의 경우에 사람과 물체는 캔버스에 배합해놓은 점과 색깔로 보인다는 것이다. 그러나 이 점과 색깔들은 계속해서 움직인다. 살아있는 그림인 것이다.

물론 처음에 아기는 이 그림들을 잘 구분하지 못하며, 세세한 부분은 더 구분 못한다. 전부를 다 잘 보기 위해서는 시간이 필요하다. 그러나 같은 그림이 규칙적으로 등장하는 것을 자꾸 보다보면 아기는 결국 그림들을 구분하는 것은 물론 그 그림의 특별한 느낌까지도 구분하게 된다.

이 나이 때 아기의 생활은 같은 사람들을 중심으로 그려진 그림들의 연속이다. 이 그림들이 미리 정해진 리듬과 의식에 따라 반복되면 습관과 기준이 되어 아기를 안심시키고 아기가 갈피를 잡도록 해준다. 그래서 아기는 낮에 무슨 일이 일어날지를 예측하고, 배가 너무 고프지만 않다면 식사를 기다릴 수도 있다. 무슨 일이 일어날지 알고 있기 때문이다. 이 모든 것이 신뢰감을 조성하여 아기를 안심시킬 것이다. 하지만 기준이 분명하지 않고 습관이 바뀌면 아이는 방향을 잃는다.

아기의 생활 패턴을 지킬 것

아기의 하루가 어떤 식으로 전개되건 간에 각자 자기 나름대로의 생활방식을 가지고 있으므로 너무 자주 바뀌어서는 안 된다.

- 아기를 돌보는 사람들이 너무 자주 바뀌면 안 된다.
- 아무리 좁아도 아기만의 공간이 있어야 아기가 보는 배경이 항상 똑같아진다.
- 외출과 목욕은 서두르지 말고 규칙적으로 이루어져야 한다.
- 아기를 돌보는 사람은 가능하면 똑같아야 한다.

피치 못할 사정으로 여러 사람이 아기를 돌봐야한다면 그들 간에 갈등이 생기지 않도록 해야 한다. 물론 각자에게는 아기와 소통하고 아기를 돌보는 나름대로의 방식이 있다. 그러나 아기를 돌보는 사람들이 서로 뜻이 잘 통하고 조화를 이루면 아기도 안심이 되고 더 쉽게 자신의 기준을 만들어 적응할 수 있을 것이다.

변화가 필요할 경우에는 잘 준비해야 한다. 아기는 안전한 분위기 속에서의 연속적인 분리를 통해 자신의 자율성을 획득한다. 중요한 것은 이런 변화와 분리가 조정되고 준비되어야 한다는 것이다.

1개월에서 4개월까지

1. 아기는 주먹을 편다. 손은 아기에게 복종하기 시작한다. 손을 자기 눈앞에 가져가고, 손가락을 흔들고, 손을 만지거나 긁을 줄 안다. 어떤 물체가 가까이 다가오는 것을 보면 흥분해서 몸을 떤다. 아기는 그것을 붙잡고 싶어 한다. 자기 침대에 가로로 설치된 횡목을 움켜잡기 시작하기는 하지만, 그러다가 딸랑이를 떨어뜨려도 그걸 다시 집을 줄은 모른다.

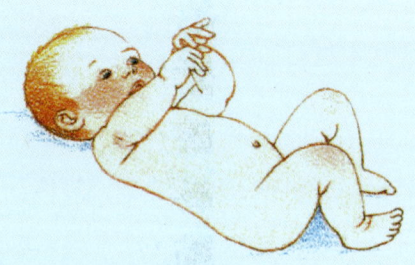

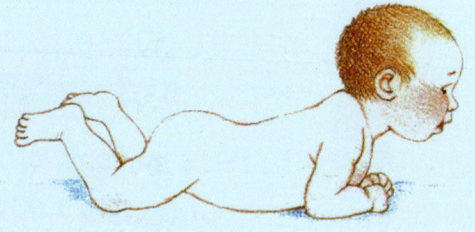

2. 배를 깔고 누운 아기는 머리를 힘차게 들어올린다. 목이 단단해져 등을 대고 누워 머리를 들어 올리면 잘 지탱한다. 이 3개월 동안의 가장 큰 사건인 목가누기는 많은 영향을 미친다. 이제 거의 모든 것을 볼 수 있기 때문에 주변의 것들에 관심을 가질 수가 있는 것이다. 이것은 심리학자들과 소아과의사들이 정신운동 발달이라고 부르는 좋은 예다. 보고 싶기 때문에 머리를 지탱하고 머리를 지탱하기 때문에 볼 수 있는 것이다.

3. 움직이는 사람을 눈으로 쫓아간다. 진짜 미소다운 미소를 짓는다. 표정은 점점 더 다양해진다.

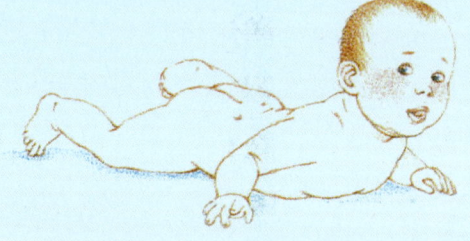

순환 반응

장 피아제의 표현에 따르면 태어난 지 3~4개월 되는 아기의 정신운동 발달은 주로 순환 반응에 따라 이루어진다. 두 가지 유형의 순환 반응이 있다. 우선은 자신의 몸으로 행해지는 순환 반응이 있다. 엄지손가락을 찾다가, 발견하고, 즐겁게 빨고, 다시 반복하는 것이다. 모음으로 하는 발성연습도 마찬가지다. 어느 날 아기는 자기가 목소리로 소리를 낼 수 있다는 사실을 알게 되고, 이 사실을 마음에 들어 한다. 그리고 원하면 다시 시작할 수 있다는 것을 눈치 챈다. 자기가 원하는 대로 손을 움직이고 또 움직일 수 있다는 사실도 알아차린다.

사람과의 사이에 이루어지는 두 번째 순환 반응의 예는 미소다. 어른이 웃으면 아이도 어른을 모방하기 위해 같은 동작을 취하는 것이다. 아이는 이 반사적 반응이 야기하는 반응을 보고 다시 시작한다. 어떤 사람들은 순서가 바뀌었다고 주장한다. 아기가 먼저 웃어서 어른이 그 웃음에 화답하기 때문에 아기가 먼저 대화를 시작한다는 것이다. 과연 누가 먼저 시작하는 걸까? 토론을 해봐야겠지만, 이 순환 반응 덕분에 아이가 사물과 사람에 대한 자신의 힘을 의식하는 것은 사실이다. 아기는 수단을 목적에 맞출 줄 알기 시작하는 것이다. 즉 어떤 반응을 일으키기 위해 어떤 식으로든지 반응한다. 이 시기에 이루는 발전은 모방과 반복, 발견을 토대로 한다. 아기는 연습하고, 배우고, 이해하고, 반응을 촉발하는 것이다.

4개월에서 8개월까지

매 단계마다 아이는 급속도로 성장하지만 이 단계에서는 정말 놀라울 정도다. 요람에 누워 손이 닿는 거리에 있는 걸 빨고 주변을 바라보지만 여전히 잠을 많이 자는 4개월 된 어린 아기와, 만지고 붙잡고 매일 몇 시간씩 놀며 주변사람들의 행동과 동작을 생기 있는 눈초리로 바라보는 8개월 아기가 같은 아기라는 건 믿어지지 않는다.

손을 통한 발견의 즐거움

4개월에서 8개월 사이의 아기는 손을 사용하는 법을 배운다. 이때는 포착의 시기로서 아이의 삶에서 모든 것이 변화한다.

우선 손은 자기 몸을 알도록 해준다. 손을 가지고 자기 발과 머리카락, 생식기를 발견한다. 아기는 자기 발을 입에 갖다 대고 얼마나 즐거워하는지 모른다! 아기는 자기 몸을 한 바퀴 돈다. 아기가 이런 걸 즐기며, 이 즐거움을 주변사람들과 함께 나누는 것은 중요한 일이다. 아기는 소

아과의사들과 심리학자들이 신체 도식이라고 부르는 것을 구축하기 시작하며, 주변사람들은 아이 몸의 부위와 얼굴에 이름을 붙여줌으로써 이런 인식에 기여한다. 이런 인식이 아기가 스스로 사랑받는다고 느끼는 애정 어린 분위기 속에서 이루어지는 것이 중요하다. 이 신체 도식과 동시에 무의식적 신체 이미지가 구축되기 때문이다.

4개월에서 8개월까지

1. 왼손 오른손 가리지 않고 아기는 누가 내미는 물건을 네 손가락을 죄어 움켜잡는다.

2. 아기의 팔이 늘어났다. 아기의 손은 먹이를 덮치듯 물건을 덮친다. 아기는 고리를 한 손에서 다른 손으로 옮기고, 꽉 움켜잡지만 때로는 떨어뜨리기도 한다.

3. 신발을 벗은 아기는 발을 입 속에 집어넣고 웃음을 터트린다. 빨기를 좋아하는 아기는 빠는 데 쓰이는 새로운 물건과 새로운 놀이를 발견해냈다. 또 손과 머리카락, 귀 등 몸 전체를 발견하고 가지고 논다.

손을 통한 놀이의 즐거움

손은 즐겁게 놀 수 있는 수많은 방법을 제공한다. 손으로 잡고, 만지고, 던지고, 잡아당기고, 놓고, 찾고, 소리 낼 수 있다. 손은 아이에게 새로운 즐거움도 안겨준다. 주변에 있는 모든 것들을 집어서 빨수 있는 것이다. 입은 아이의 첫 번째 인식도구로 오랫동안 남아있을 것이다. 엄지손가락이나 물건을 빨 때 아기는 편안해한다. 이가 나서 아플 때는 단단한 물건을 빨면 진정된다.

테이블 앞이나 어른들의 무릎 위, 유아용 높은 의자에 앉히면 아기는 작은 장난감을 집어서 우선은 긁고 움켜잡으려고 애쓴다. 거리를 잘 측정하지 못하기 때문이다.

새로운 물건에 관심을 가지면 아기는 다른 건 다 잊어버린다. 이 시기에는 가지고 놀던 물건이 떨어지면 그것도 잊어버린다. 그래서 9~10개월 때까지 전 세계의 어른들은 물건을 주워서 아기에게 다시 주는 것이다. 그러나 얼마 안 있으면 아기는 물건을 눈으로 쫓고 기억해서, 바닥에 내려놓으면 엉금엉금 기어 그 물건을 찾으러 갈 것이다.

신체 자세의 발견

4개월에서 8개월 사이에 아기는 다른 자세들을 서서히 발견한다. 아기가 발견을 하도록 내버려두되, 아직 완전히 숙달하지 못한 자세로 아기를 놓으면 안 된다. 오늘날에는 아기를 앉히라고 조언하는 것이 아니라 아기가 혼자 앉을 줄 알 때까지 기다리라고 조언한다. 실제로 아직 준비가 되지 않았는데 앉힐 경우 아기는 앉은 자세를 유지하기 위해 모든 근육을 경련시켜야 하며, 그러면 자기 주변의 공간을 탐색할 수가 없다. 아이가 물건을 잡으려다 쓰러지면 혼자서는 다시 앉을 수가 없으니 말이다.

아기가 등을 대고 누우면 에너지를 마음대로 사용할 수가 있다. 아기가 뒤집는 법을 어떻게 배우는지를 보자. 손에 어떤 물건을 들고 있다가 떨어뜨리면 아기는 그걸 보고 다시 집으려고 뒤집는다. 이건 쉬운 일이 아니다. 아기는 어깨와 몸통에 이어 다리를 돌려 결국 다시 배를 깔고 누워 그 물건을 집어 가지고 노는 법을 조금씩 배워나간다. 뒤집는 걸 잘 하게 되면 아기는 침대나 양탄자 위, 또는 담요 위에서 뒹굴며 재미있게 논다.

사람에 대한 발견

목소리와 체취, 어떻게 부르고 소통할지 등 사람 각자의 특수성을 구별하고, 서서히 사람에 따라 다른 반응을 보이기 시작한다. 보모와 형제, 부모에 대해 같은 식으로 행동하지 않는 것이다.

친숙한 얼굴을 보면 웃지만, 7~8개월부터는 아기가 처음 보는 얼굴 앞에서 불안해하는 걸 보는 것은 흔한 일이다. 자기를 보살피는 사람들이 안 보이는 불안이 자신의 개체성과 다른 사람들의 개체성을 인식하기 위해 필요한 단계라는 것을 보게 될 것이다. 자율로 향하는 한 걸음인 것이다.

거울의 발견

거울 앞에서의 아이의 태도는 자기 자신을 발견하고 자신과 다른 사람들의 이미지를 구별하는 단계들을 보여준다.

태어난 지 3개월이 되었을 때 아기를 거울 앞에 앉혀두면 아기는 다른 물건들과 똑같이 이 거울을 바라본다.

6개월 아기를 품에 안아 거울 앞에 앉혀놓으면 아기는 엄마와 거울에 비친 이미지 사이의 어떤 관계를 추측하기라도 한 것처럼 처음에 어느 정도의 놀라움을 표한다. 엄마가 말을 하면 아기의 눈은 거울에서 엄마의 입술로 향하지만, 아직은 뭐가 뭔지 이해하지 못하며, 어떻게 해서 엄마의 얼굴이 동시에 여기에도 있고 저기에도 있을 수 있는지 궁금해 하는 듯한 표정을 짓는다. 반대로 아이는 비록 자기 앞의 이미지를 보고 웃음을 짓기는 하지만 거울 속에 비친 자기 모습과 자신 사이에 어떤 관계가 있는 게 아닌가 생각한다. 아이는 18개월쯤에 자기 자신을 식별할 것이다.

언어의 발견

언어라고 하기엔 아직 완전 초기단계에 불과하기는 하지만 그래도 언어라고 부르자. 언어 역시 아주 느리게 발달한다. 언어의 발달은 다음 단계가 되어서야 가치와 힘을 갖지만, 장래에 습득하게 될 단어들의 기초가 만들어진다. 생후 7~8

개월에 아기는 모음으로 하는 발성연습에서 음절로 넘어간다. '어어엄ㅁ'는 '엄마'가 될 것이다.

이 음절 단계가 그냥 지나가도록 내버려두지 말고 대답해주고 그 음절들에 의미를 부여하고 이름을 붙여주자. 이후 아이의 언어가 얼마나 풍부해지느냐는 여기에 많이 좌우된다.

사랑, 애정, 애착

한 주, 두 주가 지나감에 따라 아기는 개인적인 발견의 즐거움보다 누군가와 함께 느끼는 쾌감을 더 좋아하게 된다. 아기는 매일 같이 시야와 행동 가능성을 조금씩 더 넓혀주는 이런 교환을 즐기는 것 같다.

주변사람들은 아이의 욕구에 응함으로써 무한한 감정의 세계를 열어주지만, 모든 것은 가장 평범한 일상 속에서 전개된다. 아이가 배고파하면 먹을 걸 준다. 기저귀가 젖었으면 갈아준다. 울면 안아준다. 잠을 못 이루면 안고 조용히 흔들어준다. 미소를 지으면 같이 웃어준다. 옹알이를 하면 귀 기울였다가 대답해준다.

주위사람들은 아이 스스로 발달하고 감정을 달랠 수 있는 탁월한 가능성을 가지고 있다는 사실을 알면서도 아기의 모든 욕구를 만족시켜주고 아기에게 즐거움을 안겨주는 것이다. 아이는 오직 자기를 만족시킬 것만을 바라는 사람들에게 둘러싸여 있는 것이다. 요구와 화답, 교환이 반복되면서 감정관계가 만들어진다. 태어난 지 4~6월쯤에 애착의 욕구가 충족된 아기는 스스로 충분히 안전하다고 느끼고 자신을 엄마에게서 분리시키기 시작한다.

분리 : 준비하고 조절하기

이 나이에 가장 흔히 이루어지는 분리는 엄마가 다시 일을 시작하는 것이다. 또 생활의 변화 및 이사와 휴가, 물질적 어려움, 입원 등으로 어쩔 수 없이 아기를 잠시 다른 사람들에게 맡겨야 되는 경우일 수도 있다.

어떤 아기들은 분리에 익숙해지는 데 어려움을 느끼지만 그건 정상이다. 이런 아기들은 입맛도 별로 없고 잠도 잘 못 잔다. 그들은 투덜대거나 화를 잘 낸다. 아기들은 기질이나 분리의 조건에 따라 서로 다르게 반응한다. 정상이라면 아기는 며칠이 지나면 입맛을 되찾고 잠도 제대로 자며 다시 웃을 것이다.

초기에는 분리가 아기에게도 부모에게도 좀 어렵다 할지라도 그런 이유로 무슨 일이 있어도 분리를 피해야 된다고 말할 수는 없다. 우선 거의 불가능하며, 바람직하지도 않다. 분리는 긍정적인 측면을 가지고 있다. 모든 정신운동 발달의 향상은 이전 단계에서 분리되는 것을 전제로 하며, 분리는 자율로 이루어진다. 태어나기 위해서는 자궁 내 세계에서 분리되어야 하고, 걷기 위해서는 네 발로 이동하는 것을 포기해야 하는 것이다. 그리고 분리는 아기에게는 하나의 발견이기도 하다. 아기는 자기가 존재한다는 사실을, 부모 없이도 즐겁게 시간을 보내고 놀 수 있다는 사실을 스스로 알아차리고 기뻐한다. 그러나 아기의 정신을 풍요롭게 해주는 이 체험들이 고통스러운 사건으로 지각되지 않도록 반드시 주의를 기울여야 한다.

조심해야 될 것들

분리의 이유가 어떤 것이든 중요한 것은 부모와 아이가 여유를 갖고 분리에 익숙해져야 한다는 사실이다. 아기가 자신을 돌볼 사람과 알게 되는 데에는 며칠의 시간이 필요하다. 새로운 환경에서 살기 위해서는 장난감과 곰 인형, 좋아하는 물건들이 필요하다. 아이를 맡아줄 사람에게 지나치게 과장될 정도로 열성을 보이지는 말라고 정중하게 부탁한다. 엄마가 없는 동안 한 사람이 계속해서 아이를 돌보는 것이 바람직하다.

아기를 분리시킨다는 것은 아기에게 앞으로 무슨 일이 일어날 것인지를 간단한 단어들을 사용하여 미리 알려주고 설명하는 것이며, 분명하게 작별인사를 하는 것이다. 미리 알려주지 않고 아기가 잠자는 동안에 떠나서는 안 된다.

아이가 더 이상 같은 리듬이나 습관을 유지하지 않아 당황했다고 말하는 부모들도 있다. 아이가 안절부절못하고 허약해지고 까다로워져서 부모들이 죄의식을 느끼거나 화를 내거나 피곤해하기도 한다.

탁아 방법과 관련한 주의사항

모든 분리는 준비되고 조정되어야 한다. 아이가 엄마로부터 멀리 떨어져있는 데 익숙해지려면 며칠이 걸린다.

4개월에서 8개월까지 분리의 주의사항

- 어린이집이나 아이를 봐주는 사람과 밀접한 관계를 맺는 것이 중요하다. 우선 아이가 안전하다고 느끼도록 하기 위해서는 아이가 일관성을 느껴야 하기 때문이고, 또 아이의 식욕과 수면, 발달, 특별한 욕구나 어려움에 대해 대화를 나눌 수 있기 때문이다.

- 기회가 있을 때마다 아이와 함께 시간을 보내되 시간의 양 뿐만 아니라 시간의 질도 중요하다는 사실을 잊으면 안 된다. 시간의 질을 유지하기 위해 시간 계획을 체계적으로 짜도록 애쓴다.

- 처음으로 숟가락을 사용할 때와 같은 아이에게 중요한 변화가 일어날 때는 함께 있도록 한다. 어린이집에서 이미 그런 변화가 이루어졌을 경우에는 집에서 아이와 함께 있을 때 그 변화를 다시 한 번 확고하게 해주는 것이 좋다.

8개월에서 12개월 사이

아이들이 같은 날짜에 말하기 시작하는 것도 아니고, 같은 나이에 처음으로 이가 나는 것도 아니다. 그러나 아이의 발달을 평가하기 위해서는 기준이 필요하다. 숫자의 노예가 되는 것이 아니라 그 숫자를 기준으로 이용하여, 범위를 얼마만큼 벗어나면 정상이 아닌지를 알아야 한다.

대상을 구별하는 능력

아이가 앞에 있는 물건으로 무엇을 하는지 매달 관찰해보면 지성의 역사와 계발, 발달을 설명할 수도 있을 것이다.

물체와의 관계에서 아이는 움켜쥘 수 있다는 즐거움에서 놓아야 한다는 슬픔까지, 새로운 동작을 성공시킬 수 있다는 만족감에서 그 동작을 할 수가 없다는 분노에 이르기까지 모든 단계의 감정을 체험하여 표현하게 된다.

대상의 구별

- 1개월 : 오직 사람과 물건, 자기 옆에서 움직이는 것만을 구분한다.

- 1개월에서 4개월 사이 : 모든 것을 지칠 줄 모르고 보는 것은 아이의 가장 큰 즐거움이다. 4개월 끝 무렵에 아이는 움켜잡으려고 몸을 움직이지만 성공하지 못한다.

- 4개월에서 8개월 사이 : 드디어 잡을 수 있다. 물건을 가까이 가져가면 그걸 잡으려고 온갖 노력을 다한다. 잡는 데 성공하면 오랫동안 손으로 만져보거나, 입으로 가져가 빤다.

- 8개월에서 12개월 사이 : 아이의 감각들은 협동하여 사물을 모든 측면에서

알도록 만들어준다. 아이의 눈은 물건의 색깔에 대해 가르쳐주고, 두 손은 형태와 크기에 대해서, 입은 맛에 대해서, 코는 냄새에 대해서 가르쳐주는 것이다. 이렇게 아이는 자기 주변의 물건들과 서서히 친숙해진다. 그 물건들을 알고 기억해내는 것이다.

지능의 감각운동기

손은 지능을 드러내 보여주었으며, 이제는 지능 발달에 도움을 줄 것이다. 아이가 구석구석 탐사하도록 도와주는 손은 정보수집 수단이 될 것이다. 이런 탐험과 정보 수집은 아이에게 유용하게 쓰이고 하루가 다르게 지능을 발달시킬 수많은 것을 가르쳐준다. 12개월에서 18개월 사이에 아이의 정신은 자기 주변의 물건들을 모으고 그것들의 관계를 정립하려고 애쓴다. 어느 날 가장 작은 입방체를 가장 큰 입방체 속에 집어넣는 데 성공한다. 또 막대 옆에 놓곤 하던 걸 드디어 막대에 끼우는 데 성공한다. 장 피아제는 출생에서 18개월까지의 이 기간을 지능의

감각운동기라고 부른다. 아이는 끼워 넣는다거나 쌓아올리는 등 물체에 대한 감각을 발휘하는 활동을 통해 이런 문제들을 해결한다.

두 음절 사이에 관계를 정립한다. 이 두 음절이 명백하게 너무나 큰 즐거움을 안겨주기 때문에 계속 반복한다. 게다가 아기는 그 두 음절이 사람을 부르고, 관심을 끄는 데 아주 유용하다는 사실을 발견한다.

옹알이에서 처음으로 말을 할 때까지

4개월쯤에 옹알이를 시작한 아기는 자기 귀를 만족시키는 소리들을 한없이 늘어놓는다. 아기는 자음을 시험해보며 말한다. 〈베-베, 바-바...〉 그러다가 어느 날 아기가 〈엄-마〉나 〈아-빠〉를 연습하는 걸 듣게 된다. 그날 가족은 엄청난 감동을 받는다. 비록 잘 못 발음되기는 했지만 단 두 음절이 부모들을 너무나 기쁘게 만드는 것이다.

전문가들은 이런 게 순전한 우연이라고 말한다. 〈아-빠〉나 〈엄-마〉는 처음에는 〈다-다〉나 〈타-타〉 만큼도 의미가 없다는 것이다. 그러나 얼마 안 있으면 아기는 자기가 불러일으킨 감동과 자기를 향한 웃음, 자기에게 쏟아지는 격려 앞에서 결국에는 엄마와 자기가 우연히 발음한

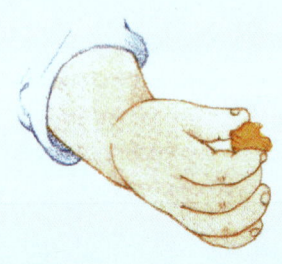

8개월에서 12개월 사이

물건들을 던지는 것은 아기의 큰 즐거움이다. 물건의 크기를 잘 측정하지 못하기 때문에 잡을 때 손은 그다지 정확하지 않지만 집 게손가락은 악력을 얻어서 아주 작은 것들, 심지어는 빵조각도 집 을 수가 있다.

혼자 오래 앉아있을 수 있다. 물건을 잡아 떨어뜨리지 않을 수 있 으며, 물건을 집기 위해 고개를 돌리고 숙일 수 있다.

이때는 첫 이동의 시기다. 탐나는 물건을 찾으러 갈 때 아기는 손 을 내민다. 그걸 잡지 못할 경우 아기는 다가가려고 애쓴다. 어떻 게 다가가느냐는 별로 중요하지 않다. 아기에게는 도달해야 할 목 표가 있고, 그 목표를 달성한다. 아기는 조금씩 기어서 어디든지 갈 수가 있다. 그러고 나서 무릎을 꿇고 다시 몸을 일으켜 의자나 침대 살 등을 잡고 일어나 선다. 아기의 관심을 끌지만 손이 닿을 만한 거리에 있지 않은 것을 잡고 더 잘 보려는 이 모든 노력은 걷기 위한 준비라고도 볼 수 있다. 걷는 것 역시 대부분 돌 전까지 는 배워지지 않는다.

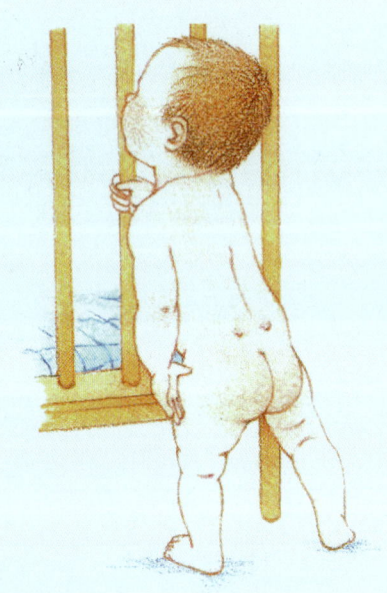

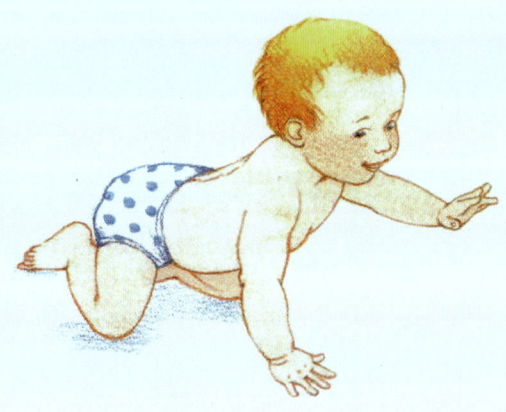

아기는 무엇을 좋아할까

● 자기를 둘러싸는 것을 좋아한다. 이제 아기에게는 관중이 필요하다. 아기는 의자에 편안히 앉아서 가족생활에 참여하고, 웃음을 터트리고, 자기가 즐거워하는 걸 가족이 좋아한다고 느끼면 다시 반복한다. 아기는 옹알이와 동작으로써 자기가 무엇을 원하는 지를 보여주고, 자기 마음에 안 드는 것을 누가 권하면 싫다는 뜻으로 머리나 손을 젓는다.

● 아빠나 잘 아는 어른, 형제자매와 함께 인형극놀이나 까꿍 놀이, 숨바꼭질, 손으로 안녕 인사나 브라보 하는 것을 좋아한다. 네 발로 기어 다닐 때는 누가 자기를 뒤따라 다니면서 잡는 척 하는 것을 좋아한다. 둘이서 하는 이 최초의 놀이들은 아기를 잠깐 동안은 즐겁게 하지만 얼마 안 가 피곤하게 만든다.

● 아기는 놀 거리를 주기만 한다면 대부분의 시간을 혼자 노는 데 보내고 무척 즐거워한다. 아기는 연필이나 숟가락으로 테이블을 두드리고, 시끄러운 소리가 나는 물건을 흔들며 재미있어 한다. 열쇠를 흔들어대는 것도 좋아한다. 어떤 때는 반대로 형제자매나 또래의 아이와 함께 있는 것을 좋아하고, 그들에게 너무 좋다는 걸 표현한다.

● 목욕을 할 때는 손과 발로 물장구를 쳐서 사방에 물 튀기는 것을 좋아한다. 식탁에서는 자기 컵과 접시를 갖고 놀고, 숟가락을 사용하려고 애쓰며, 혼자 먹고 싶어 하지만 잘 안 되어 손가락을 음식 속에 집어넣는다.

● 뭐든지 물어뜯는 걸 좋아한다.

● 어린이집에서 같이 기어 다니는 다른 아이들의 얼굴을 탐색하는 걸 좋아한다. 다른 아이의 머리칼과 손, 입을 만져본다. 그러나 어린 친구들은 누가 자기 눈을 만지려고 하면 저항한다.

● 이동하면서 손이 닿을만한 곳에 있는 건 뭐든지 다 붙잡으며, 발견한 물건에 호기심이 느껴지면 앉아서 그걸 오랫동안 조작해본다.

● 8~10개월쯤에 거울 속에 비친 자기 모습을 향해 손을 내밀지만 단단한 유리가 손에 닿자 놀란다. 거울에 비친 모습이 다른 아이의 것이라고 여

전히 믿고 있어서 이 다른 아이를 만지려고 애쓰다가 그렇게 되지 않자 놀라는 것이다.

8개월에서 12개월 아이가 좋아하지 않는 것

- 갑작스러운 것, 청소기나 커피 빻는 기계, 믹서 같은 시끄러운 소리를 내는 것을 좋아하지 않는다. 전기드릴이나 굴착기 소리를 들으면 무서워한다. 이런 소리는 고막을 아프게 만들 수도 있다.
- 식사를 기다리는 걸 좋아하지 않는다.
- 누가 자신의 습관을 바꾸려 드는 걸 좋아하지 않는다.
- 낯선 사람이랑 같이 내버려두는 걸 좋아하지 않는다. 그럴 경우 단순한 두려움을 느끼다 못해 갑작스러운 공포에 빠질 수도 있다.
- 음식 접시 앞에 자기만 혼자 앉혀놓는 걸 좋아하지 않는다.

이제 8개월에서 12개월 사이의 아이 머릿속에 뭐가 들어있는지, 그리고 뭘 좋아하고 뭘 좋아하지 않는지 알게 되었지만, 그렇게 간단한 일은 아니다. 아이는 하루 사이에 다른 식으로 행동하고 다른 태도를 취할 수 있으며, 어떨 때는 자기를 도와주기를 원했다가 또 어떨 때는 혼자 하려고 할 수 있기 때문이다. 실제로 이 시기부터 겉보기에는 모순적이지만 인간 본성과 일치하는 두 가지 성향, 즉 새로운 것을 바라는 욕망과 아무 것도 바뀌지 않기를 원하는 바람이라는 두 가지 성향이 출현한다.

낯선 것에 대한 두려움

이 때의 어린아이에게서는 또 다른 걸 관찰할 수 있다. 모르는 집에 있을 때 아이는 놀라거나 불안해한다. 낯선 사람이 자기를 안아주려고 하면 얼굴을 옆으로 돌린다. 아동발달 영역에서의 선구자인 르네 스피츠는 이것을 8개월의 불안이라고 불렀다. 이런 현상을 6~7개월 때 관찰할 수도 있고 걷고 난 후에 나타나기도 한다. 이 불안감은 흔적을 남길 수도 있어서 초등학교에 들어가 새로운 선생님을 만났을 때 불안해하거나, 어른들이 낯선 사람 앞에서 불안해하는 것을 설명하기도 한다.

불안하거나, 잠들기 무섭거나, 엄마나 일상적으로 자기를 돌봐주는 사람이 떠나는 걸 두려워할 때 아기는 털도 다 빠지고 형체를 알아보기 힘든 곰 인형이나 아기의 보물이 된 천 조각을 꼭 껴안는다. 어떻게 된 걸까?

처음에 곰 인형은 단순히 손에 들고 다니는 물건이었으나 서서히 이런저런 감정과 느낌이 배어들었다. 이 곰 인형은 내 거야. 난 이 곰 인형 주인이야. 난 이 인형이 좋아. 무슨 일이 있어도 이 인형을 지킬 거야. 그리고 특히 이 인형이 있으면 누가 내 곁을 떠나도 난 혼자가 아냐. D. W. 위니콧은 이것을 과도대상이라고 불렀다. 그에 따르면 이 대상은 아기가 엄마와의 융합 상태에서 엄마가 분리된 외부인이 되는 관계로 이행하는 것을 의미하기 때문이다.

아이의 작은 세계 속으로 들어간 장난감은 몇 달이 지날 때까지는, 심지어 초등학교에 들어갈 때까지도 아이 곁을 떠나지 않을 것이다. 그보다 더 나이가 들

어도 피곤해지면 자기가 좋아하는 장난감을 다시 찾는 경우가 있다. 스스로 자발적으로 치워버릴 때까지 많은 아이들의 필수품이다.

두려움의 의미

이런 두려움은 과연 무엇을 의미할까? 우선 아이는 일상생활의 틀, 엄마 얼굴, 아빠 얼굴, 집에서 가까이 지내는 사람들 얼굴, 어린이집 선생님들 얼굴 등을 식별해내는 데 너무나 익숙해져 있기 때문에 무슨 변화가 일어나면 어쩔 줄 몰라 한다. 이런 이유 때문에 어린이집에서는 7개월에서 10개월 된 아이들은 반을 바꾸지 않는다.

이것은 아이가 퇴행을 하는 것이 아니라 반대로 이제 낯선 것을 낯설지 않은 것과 구분함으로써 발달하고 있다는 것을 의미한다. 아이가 정해진 의식과 익숙해진 습관에 집착하는 것은 그것들이 아이에게 이미 본 것의 안락함을 안겨주기 때문이다. 일이 평소처럼 전개되지 않으면 아이는 불안해한다. 왜 아빠는 다른

날 오후처럼 날 찾으러 오지 않는 걸까? 왜 내 침대를 바꾼 것일까? 그러나 아무것도 변화시키지 않는다는 건 아주 어려운 일이다. 아이에게 말을 하고, 무슨 일이 일어나고 있는지를 설명해주는 것이 필요하다.

낯선 것에 대한, 친숙하지 않은 것에 대한 이런 두려움은 아이가 자기 자신과 다른 사람들을 인식하기 시작한다는 증거다. 이런 두려움은 아이가 이제 친숙한 사람과 그렇지 않은 사람을, 아는 장소나 물건을 알지 못하는 장소나 물건과 구분한다는 것을 보여준다. 이런 구분은 아이가 마음이 끌리는 것을 선택하는 한편 다른 기회에서는 신중하게 행동하도록 해준다. 아이는 나중에 소중하게 쓰일 방어기제를 구축할 것이다. 처음 보는 사람은 조심스럽게 대하고, 필요한 금지사항을 받아들이며, 위험한 상황을 이해하는 것이다. 나중에 사회생활을 하면 친숙함과 지켜야할 한계를 구별할 수 있다. 8~12개월의 아이가 이런 구분을 하지 못하여 전혀 불안해하지 않고 이 사람 저 사람의 품에 안긴다면 관심을 갖고 지켜봐야 한다. 아이는 나중에 안정적으로 애착을 갖는 데 어려움을 느끼고 그런 태도를 재현

할 우려가 있다.

독립에 대한 갈망 시작

아이가 낯선 것에 대한 이런 두려움과 더불어 독립에 대한 갈망을 가지는 것은 당연한 일이다. 아이는 잘 아는 것의 안락함과 모험의 욕망 사이에서 끊임없이 고민하게 된다. 어른들도 흔히 이런 일을 겪는다. 어른들은 둘 중 하나를 선택함으로써 행복해질 수 있지만 아기는 두 가지 모두를 필요로 한다. 그리고 그 두 가지를 조화시키기 위해 엄마를 필요로 한다.

엄마 곁에서 안전하다고 느낄 때, 주변 환경과 시간, 음식의 변화를 이해할 때, 즉 준비가 되어있을 때 아이는 변화를 받아들인다. 느닷없이 불안한 상황에 처하게 될 때 아이는 변화를 거부한다. 누가 옆에 있다는 확신이 들면 혼자 모험을 하려고도 한다. 반항할 수도 있는데, 이것 역시 독립의 표현이다.

안심. 이것은 어린 시절의 중요한 단어다. 나이에 상관없이 아이는 자기가 안전하다고 느끼면 신뢰감을 갖고 행복해하

고 활동적이다. 감정적 안전은 너무나 중요하기 때문에 5장에서 다시 이야기할 것이다.

긍정적인 변화를 위한 제안

8~12개월의 아이는 처음 몇 달 동안 잠을 필요로 하는 만큼이나 움직임을 필요로 한다. 엄마가 아이를 베이비서클 안에 버려둔다는 느낌을 주지만 않는다면 기꺼이 거기 머물러 있지만 거기서 나오면 금방 즐거워한다. 이따금 아이를 베이비서클 옆에 눕혀놓으면 베이비서클의 살을 이용해서 일어서고 베이비서클 안에 있는 장난감을 잡으며 즐거워한다.

아이가 혼자 놀 때

● 베이비서클을 사려거든 나무로 만들어진 사각형에 살이 달린 가장 단순하고 고전적인 모델을 선택하는 것이 좋다. 그물이 달린 둥근 베이비서클에서는 아이가 망에 매달리고 다시 일어서기 힘들어한다. 게다가 공간도 더 작다.

● 아이는 아기용 높은 의자에서 몸을 많이 움직인다. 눈을 크게 뜨고 지켜봐야 한다.

● 아이에게 줄 물건을 많이 가지고는 있되 한꺼번에 너무 많이 주지는 않는다. 아이는 여전히 빨고 조작하고 감추는 것을 좋아한다. 장난감이 잔뜩 있는 바구니를 방 한가운데 놓아둔다고 해서 아이가 꼭 관심을 갖는 것은 아니다.

12개월에서 18개월 사이

12개월과 18개월 사이의 6개월 동안에 펼쳐질 가장 큰 사건은 걷기다. 걷기는 어느 한 순간에 획득되는 것처럼 느껴진다. 그만큼 아이가 혼자 첫 걸음을 내디디는 것은 신기하며 감동을 준다.

걷는 법을 배우다

12개월에서 18개월, 거의 대부분의 아이들이 걷는 나이로, 전문가들은 민감한 시기라고 부른다. 걷는 법을 배운다는 것은 우선 균형을 잡고, 이어서 앞으로 나아가는 것을 익힌다는 걸 의미한다. 쉬운 일은 아니다. 아이가 넘어질 때마다 매번 일으켜 세우지 말자. 다시 일어서려고 기울이는 노력이 아이의 근육을 강화시킨다.

첫걸음은 이미 오래 전부터 준비되어 왔으며, 아이가 그 이후로 어떻게 걷는지는 대개 그 이전의 기간에 좌우된다. 어떤 아이들은 흔들거리는 성이 될 것이다.

넘어졌다가 엉금엉금 기어서 다시 시작, 다시 일어나는 것이다. 침착하고 자신 있는 발걸음으로 즉시 다시 시작하는 아이들도 있다.

아이가 베이비서클의 살을 붙들고 일어서는 단계에서 아빠의 손을 놓고 혼자 걷는 단계로 넘어가려면 3~4주일이 필요하다. 잘 되는 날도 있고 잘 안 되는 날도 있다. 어떤 날은 크게 향상되었다가도 또 어떤 날은 서 있는 법을 까맣게 잊어버린 듯 보이기도 하는 것이다. 아기는 걷는 걸 너무 열심히 익히느라 다른 영역에서는 거의 향상되지 않는다.

12개월에서 18개월 사이

1. 처음에는 한 손이 다른 손을 돕는 것을 억제했던 반면 이제는 서로 간에 독립적인 법을 배운다.

2. 한 번에 여러 페이지를 넘기긴 하지만 책의 페이지도 넘기고, 집게손가락으로 그림을 가리킬 줄 안다. 그러나 싫증이 나면 책을 밀어내버린다.

3. 입방체를 줄 수는 있지만 공을 던질 줄은 모른다. 작은 물체를 큰 물체 속에 집어넣을 줄은 알지만, 입방체들로 탑을 쌓는 것은 시도만 할 뿐 성공하지 못한다.

4. 다리를 벌리고 상체를 앞으로 내민 채 팔을 시계추처럼 흔들며 걷는다. 방향전환은 아직 어려우며 넘어지는 일도 자주 일어난다. 계단은 여전히 엉금엉금 기어오른다. 자기 의자에 선다. 다른 의자에 기어오르려고 한다.

걷기로 인한 변화

걷기는 아이를 변화시킬 것이다. 걷기 전까지만 해도 아이는 주변사람들에게 완전히 종속되어 있었지만, 이제부터는 누구에게 부탁하지 않고 관심 가거나 궁금한 것을 가까이 가서 볼 수 있으며, 그래서 날마다 온갖 것을 발견할 수 있다. 아이는 가만히 있지를 못하고 계속 활동하며 믿을 수 없을 만큼 바쁘고 절대 피곤해하지 않는 사람이 된다.

걷기 덕분에 아이는 네 발이 허용하던 공간을 훨씬 넘어선 공간을 정복할 수 있다는 사실을 깨닫게 된다. 이제 서있을 수 있기 때문에 오직 어른들만 접근 가능했던 것들에 도달할 수 있다는 걸 알아차리는 것이다.

걷는 것은 자신의 몸을 의식하기 때문에 중요한 새로운 단계다. 자꾸 넘어지고 가구에 부딪치고 문에 끼일 때마다 통증을 체험하면서 아이는 자신의 한계와 위험을 의식하게 된다. 18개월이 되면 아이는 자신을 아프게 만들 수도 있을 가구나 뜨거운 난방 기구를 피하기 위해 돌아서 간다.

자신의 몸과 관련된 경험을 하고 난 아이는 몸에 점점 더 관심을 가지게 된다. 18개월에서 두 돌까지의 아이는 팔에 작은 부스럼이 난 걸 보면 그걸 자주 쳐다본다. 그러다 부스럼이 떨어져나가면 운다. 자신의 일부가 떨어져나가는 듯한 느낌이 들어서다. 찰과상이나 피도 아이를 불안하게 만든다. 주위사람들이 이런 작은 사고들을 무시하지도 말고 과장도 하지 않는 게 중요하다.

언어 능력의 발달

언어에서는 별다른 진척을 보이지 않는다. 당분간 자신의 힘을 다 바치는 것은 걷기이기 때문이다. 대신 자신을 이해시키기 위해 알고 있는 몇 개의 단어를 이용하는데, 이 단어들은 아주 중요하다. 제스처와 몸짓의 도움을 받아 이 단어에 다양한 의미들을 부여하기 때문이다. 뭔가가 마음에 안 들면 거부한다는 것을 알리기 위해 얼굴을 삐죽거리고 손동작을 분명히 해 보인다. 대체로 아이들은 한두 달 뒤면 '싫어'라고, 이어서 '난 싫어'라고 말할 줄 안다. 이 몇 개의 단어에 더 높은 가치를 부여하고 되풀이하면서 주변사람들과 교환하고 소통하는 습관을 들인다.

아기는 부모가 자신에게 하는 말을 마치 음악처럼 듣는다. 아기의 귀는 단어들을 하나씩 기록하고 자꾸 들어 고양이나 사과, 목욕, 잠옷 같은 단어들을 이해하게 된다. 이 단어들이 가리키는 물체들을 식별하고, 어느 날인가는 엄마가 부탁하는 대로 혼자 사과를 찾으러 가는 것이다.

아이가 문다면

자기 생각을 표현하기 위한 단어가 많은 것은 아니지만, 아이는 격하지 않은 분노와 거부의 몸짓, 여러 가지 항의 등 많은 방법으로 자신의 슬픔과 긴장을 이해시킬 수가 있다. 물 수도 있는데, 이가 나면서 약간은 자연적으로 자극을 받기 때문에 더욱 그렇다. 문다는 것은 8~9개월이 되어야만 의미를 가진다. 아이의 방어기제일 수도 있는데, 다른 아이들과 함께 있으면서 편안함을 느끼지 못할 때 특히 그렇다.

그러나 물어뜯는 아이는 주변의 어른들이 아이에게 가하는 긴장을 해소하는 것일 수도 있다. 물어뜯는 아이에게 화를 냄으로써 공격성을 증가시키기보다는 이런 태도의 원인을 이해하여 그 여파를 완화시키는 것이 낫다.

방어나 공격 상황이 전혀 아닌데도 어린이집 친구들을 물거나, 심지어 때로는 자기를 돌봐주는 어른을 물 때도 있다. 이런 물어뜯기는 입맞춤에 가까우며, 어쨌든 사랑의 표현이다. 그럴 때는 그렇게 물면 아프다는 사실을 아이에게 단호하게 설명해주고, 아이가 정말로 물 수 있는 것을, 눅눅해진 빵조각 같은 걸 주는 것이 좋다. 아이가 물었다고 해서 아이를 똑같이 물어서는 절대 안 된다. 그래야만 물어뜯기가 소통의 수단이 아니라는 사실을 이해시킬 수 있다.

유아용 보행기

아이가 걷기 시작하는 연령대에 맞는 여러 종류의 보행기가 있는데, 이 보행기의 목적은 걷기를 준비시키는 것이다. 보행기의 사용은 어떨까?

최근까지만 해도 아기의 배우는 즐거움과 아기가 기울여야 할 노력을 보행기가 빼앗는다고 부모들에게 말해왔다. 아이가 자기 혼자서 여러 가지 자세와 균형을 발견하고, 다음 단계들을 거친 다음 걷는 법을 획득하는 것은 정말 중요하기 때문이다. 지금은 보행기가 아주 위험할 수도 있는 것으로 드러나고 있다. 뇌에 상해를 입고 입원한 만 1세 미만 아이들 중 40%는 보행기 사고를 당했다. 캐나다에서는 보행기 판매가 금지되어 있다. 보행기 사용은 권장하지 않는다.

걷기를 쉽게 배우는 좋은 방법은 아이가 공원에서는 유모차를, 집에서는 의자를 밀고 다니도록 하는 것이다. 아이가 작은 수레처럼 밀고 다닐 수 있는 장난감들도 있다. 그리고 아이가 걷는 걸 배울 때는 양쪽 손을 번갈아가며 잡아주어 균형을 유지하도록 해준다.

이 연령대의 아이 발이 평평하다고 해서 놀랄 필요는 없다. 아기의 평발은 정상이다. 아이가 맨발이든 양말을 신었든, 가능한 오랫동안 걷도록 내버려둔다. 그렇게 하면 발바닥의 오목하게 들어간 부분이 강해질 것이다.

즐거움과 놀이

만 1세에서 1세 6개월 사이의 아이는 동물을 좋아하고 관심을 갖는다. 아이는 닭에서부터 개, 고양이, 말, 소까지 그 어떤 동물도 무서워하지 않는다.

아이는 모래와 물, 점토를 갖고 노는 걸 좋아하지만, 그다지 깨끗하게 놀지는 못한다. 무엇보다도 아직은 서투르고, 더러운 것과 깨끗한 것을 아직 구분하지 못하기 때문이다. 그게 더럽다고 생각하는 건 어른들이다.

물을 가지고 하는 옮겨 붓기, 채우기, 비우기 등 모든 놀이 활동은 이 나이에 아주 중요하다. 아이에게 물은 진정시키는 역할을 한다. 깔때기와 병 등을 가지고 놀다보면 긴장이 풀리면서 별다른 노력 없이 주의를 기울일 수가 있다. 아이가 물을 가지고 노는 모습을 관찰해보자. 아이는 놀이에 더할 나위 없이 큰 즐거움을 느낀다. 물은 자연요소 이상의 것으로서, 우리의 기원과 우리가 살았던 최초 환경의 일부를 이룬다. 물은 아주 잘 흐르고 거의 저항하지 않기 때문에 안심이 되는 자연요소다. 목욕의 즐거움은 단지 깨끗해진다는 것일 뿐만 아니라 물속에서 놀며 긴장을 풀고 거기 머무르는 것이기도 하다. 이 즐거움은 평생 동안 지속될 것이다.

물을 채운 작은 대야, 타월, 깔때기, 컵 등 준비할 용품은 간단하다. 욕조가 있으면 플라스틱으로 된 작은 병들과 컵만 있으면 된다. 아이는 계속 물을 채웠다가 비우기를 되풀이하면서 물의 사라짐과 재출현을 쉽게 제어하게 된다.

입방체를 다른 입방체에 끼우려고 할 때처럼 놀랄 만큼의 끈기를 보여주기도 하지만 아이는 놀이를 자주 바꾸는 걸 좋아한다. 탑 만드는 걸 좋아하지만, 탑을 무너뜨리는 것도 좋아한다. 이 단계에서 아이는 부수고 찢기 시작한다.

18개월에서 24개월 사이

지금까지만 해도 아이는 손이 닿을만한 거리에 있는 모든 것을 손으로 만졌다. 하지만 걷기에 익숙해지면서, 이제는 눈에 보이는 건 뭐든지 다 만질 수 있으니 포기하지 않고 마음껏 몰두할 것이다.

결코 포기하지 않는다

이 나이의 아이를 멈출 수 있는 건 아무 것도 없다. 열 번도 더 떨어질 위험을 무릅쓰고 의자에 기어오른다. 침대 밑으로 기어들어가 공을 찾아오고, 계단을 오르고, 다시 계단을 내려오려 애쓴다. 항상 성공하는 것은 아니다. 아이는 문을 열고, 불을 켜고, 서랍을 비우고, 립스틱을 열고, 담배를 물고 어른들 흉내를 낸다. 그릇에 담긴 붉은 사과를 꺼내려고 의자를 서랍장 쪽으로 밀고 간다. 그릇도 떨어지고, 사과들도 떨어지고, 아이도 떨어진다. 그게 뭐 대수랴. 아이는 다시 일어난다. 장난감 트럭을 끌고 다니고, 인형의 머리칼을 잡고 질질 끈다.

그러다 아이는 소독약이 담긴 병을 열 수도 있고, 수면제가 든 통을 열 수도 있으며, 머리핀을 전기코드에 꽂으려고 할 수도 있으며, 잼을 바른 빵을 창밖으로 내던질 수도 있고, 그게 어디 떨어졌나 보려고 고개를 내밀 수도 있다.

이 모든 행동은 무질서하고 소리도 많이 나지만, 아이는 전혀 아랑곳하지 않는다. 아예 시끄럽다는 사실조차 알아차리지 못한다. 아이는 하루에 몇 킬로미터를 돌아다닌다.

모험에 대한 취향과 안전에 대한 욕구

그게 자기 집이든, 어린이집이든 가리지 않고 아이가 뭐든지 다 만지고 어디서든 뛰어다닌다면 뭘 어떻게 해야 할까? 모든 걸 금지시켜야 할까, 아니면 모든 걸 허용해야 할까?

둘 다 아니다. 첫 번째 경우에는 절대 필요한 성장을 방해할 수도 있다. 기어오르고, 발견하고, 탐사하고, 만져보고, 달리는 것은 감각과 근육, 지능을 발달시킨다. 의자를 밀고 가서 서랍장 위에 놓인 사과를 집는 아이는 그런 동작을 통해 자신의 지능을 증명하는 동시에 근육을 발달시킨다. 방에 가구도 없고 물건도 없으면 아이는 아무것도 망가뜨리지 않겠지만, 지능은 발휘되지 않고 근육도 쓰이지 않는다. 반대로 뭐든지 다 허용할 경우에는 위험해질 것이다.

필요한 것은 잘 조정된 자유의 분위기를 조성하는 일이다. 어린이집에서는 이렇게 하는 게 쉽다. 모든 것이 아이들에게 맞도록 설계되어 있기 때문이다. 놀이와 가구는 아이들의 키와 요구에 맞추어져 있다. 그러나 집에서는 어렵다. 아이를 위험으로부터 보호하기 위해서는, 약해서 쉽게 부서지는 가구는 한쪽에 잘 치워놓아야 하고, 실내장식품은 벽장에 넣어두어야 하며, 위험한 제품은 아이의 손이 닿지 않는 곳에 두어야 한다. 그런 다음 아이가 좁든 넓든 한쪽 구석에서 놀도록 한다.

제한된 자유의 허용

자, 가능한 모든 위험을 멀리하고 나서 이제 아이가 자리를 잡았거든, 귀를 기울여 무슨 일이 일어나는지 감시하되 2분에 한 번씩 "조심해, 그러다가 다치겠다!"라고 말하지는 말자. 아이는 자유를 필요로 한다. 아이가 모험을 떠나도록 내버려두자. 그러면 아이는 자신감을 갖게 될 것이다. 이 나이 때의 모험이라고 해보았자 혼자 의자 위에 기어 올라가고 혼자 상자를 여는 정도다. 자기를 돌보는 사람이

부르면 바로 달려올 수 있을 만큼 가까이 있어주기를 원하지만 그렇다고 해서 항상 자기를 지켜보고 있는 건 원하지 않는다. 이따금씩 자기를 돌봐주는 사람이 어디 가지는 않았는지 확인하러 올 것이다. 그러곤 안심하고 다시 돌아가 하던 걸 계속할 것이다.

허용과 금지 교육

아이에게는 모험에 대한 동경과 안전에 대한 욕구가 혼재되어 있었다. 그러므로 무엇이 허용되고 무엇이 금지되는지, 무엇이 위험한지를 아이에게 조금씩 설명해주는 것이 좋다. 시간이 지나면 지날수록 점점 더 많은 것을 이해하게 되지만, 무엇은 해도 되고 무엇은 하면 안 되는지를 판별하지는 못한다. 그 안에 뭐가 들어 있는지 보기 위해 상자를 여는 것이 정상인지, 따르릉 소리가 어디서 나는지 보려고 자명종을 열어보는 것이 안 좋은 것인지를 알 수가 없다. 설명을 해주어야만 그게 좋은 것인지 안 좋은 것인지를 알게 될 것이다.

아이에게 너무 많은 걸 요구하지는 말자. 어떤 방에 아이가 들어가는 걸 정말 원하지 않는다면 장애물을 설치하여 그걸 불가능하게 만들고, 아이에게 이유를 설명해주는 것이 좋다. 아이는 어른들의 세계를 존중하는 법을 금세 배운다.

지나친 야단은 금물

어느 날 아이가 어리석은 행동을 하더라도 너무 야단치지 말자. 엄마가 화를 내면 아이는 불안해하며 두려워할 것이다. 소리를 고래고래 지르며 이 나이의 어린 아이를 자주 야단치면 아이는 결국 자기가 끊임없이 죄를 저지르고 있다는 느낌을 갖게 된다. 이 나이 때의 어리석은 행동이라는 것은 자신의 지성이 동기를 부여한 행위로 아이에게는 새로운 발견을 의미한다. 아이가 밑으로 굴러들어간 공을 찾기 위해 가구를 옮기는 것은 재능이다. 아이를 야단칠 때 화를 내는 정도가 깨진 물건의 가치에 비례하지는 않았을까. 그렇지만 아이는 값비싼 고려자기와 흔한 주발을 아직 구분하지 못한다.

어떤 어른들은 아이가 이것저것 손을 대면 아이가 못됐다거나 제멋대로라고 말한다. 그러나 그것은 아이 나름의 배우는 방식이다. 어른들도 처음 보는 물건에 손을 대는 것처럼 말이다. 모든 박물관에 〈만지지 마세요〉라는 안내판이 놓여있는 것이 그 증거다. 가게에서 상품을 알아보기 위해 잡고 뒤집어보고 어루만져 보고 싶은 유혹을 느끼는 것과도 같다.

아기 말투

아이들은 동사를 많이 사용한다. 동사가 행위를 표현하므로 활동적인 나이에 동사를 사용하는 건 정상적이다. '아기, 산책해'라든가 '아빠, 갔어' 하는 식으로 말한다. 대명사와 시제는 나중에 사용한다. 그래서 당분간 문장은 주로 한두 개의 단어 더하기 동사로 구성된다. 이전 단계에서는 단어 하나가 문장이었다.

아기 말투는 만 1세 반에서 2세까지 계속된다. 아이는 수프라는 말을 못해서 〈푸프〉라고 말하지만, 수프가 식사 때 나오는 액체라는 사실을 아주 잘 이해하였다.

수프라고 말하는 걸 자주 듣다보면 아이는 그렇게 말할 수 있게 될 것이다. 언어는 무엇보다도 모방의 문제이기 때문이다. 그러나 어른이 아이의 말투를 모방하면 어른은 자신의 역할을 해내지 못하고, 어른이 단어들을 변형시키면 아이는 잘못된 단어를 오랫동안 되풀이할 것이다. 이건 문제다. 이 나이의 어린아이는 주변에 있는 물건들의 이름에 관심을 가지기 시작했기 때문이다. 아이는 새로운 단어를 들으면 몹시 기뻐한다. 어떤 단어들은 아이를 매혹시키기까지 한다.

18개월에서 24개월 사이

1. 연필은 잘 쥐고 있지만 수직으로 그리려는 선은 아직 똑바르지 않다. 그러나 아이는 상관하지 않는다. 그래서 선을 서투르게 그렸을 때처럼 재미있어하며 종이를 구기고 찢어버린다.

2. 숟가락과 컵을 쥘 줄은 알지만 먹으면서 많이 더러워진다. 소리를 내면서 먹고, 뭘 마실 때는 한 모금 마시고 나서 시끄럽게 공기를 들이마신다.

3. 끌고 다니는 장난감을 좋아한다.

4. 달리는 것은 큰 즐거움이다. 누가 자기를 쫓아다니는 걸 좋아하며, 가구에 자주 부딪친다. 소리 지르며 잡아당기고 밀고 잡아채고 두드린다. 이 나이 때 아이들은 발로 공을 밀고, 뒷걸음질치고, 난간을 잡고 계단을 올라가고, 어른의 손을 잡고 계단을 다시 내려오는 것을 좋아한다.

5. 발견의 즐거움, 옮기는 것의 즐거움. 이제는 두 손과 두 발을 자유자재로 사용할 수 있기 때문에 어린 탐험가는 그 즐거움을 마음껏 누린다.

6. 물장난치는 걸 좋아해서 눈에 보이는 모든 수도꼭지를 다 열어놓는다. 아이들은 싫증을 내지도 않고 컵 속에 들어있는 물을 다른 컵 속에 옮겨 부으며, 물속에서 장난감 오리를 가지고 논다.

높은 발달이 필요한 배변

아이는 18개월과 두 돌 사이에 근육이 발달하고 자신의 생각을 표현할 수 있는 가능성들을 가지게 된다. 이제 계단을 오르내릴 수 있다. 소변이나 대변을 참거나 누기 위해서는 충분히 발달된 근육이 필요하다. 잘 걸을 수 있는 나이가 되기 전까지는 아이가 괄약근을 제대로 조절할 수 없다.

언어도 마찬가지다. 이제 말을 하기 시작했으니 아이는 실내용 변기를 달라고 더 쉽게 요구할 수 있다. 아직 말을 잘 하지 못할 경우에는 팬티를 내리거나 몸을 비틀어 몸짓으로 자기 생각을 표현할 수 있다.

물론 모든 습득과 마찬가지로 괄약근의 제어는 이전 단계들에 뿌리를 두고 있다. 기저귀를 갈아줄 때마다 아이는 깨끗함의 편안함을 즐길 수 있었다. 마찬가지로 많은 아이들이 일어설 줄 알게 되면 실내용 변기에 몇 분씩 앉는다. 그리고 18개월이 지나면 생리적 욕구는 덜 자주 느껴지며, 따라서 더 쉽게 조절할 수가 있다.

부모가 유연하게 대처하기만 한다면 아무 문제없이 모든 게 다 잘 될 것이다. 아이는 깨끗해져서 이 새로운 단계를 높이 평가하는 주변사람들과 만족감을 나누게 될 것이다.

18개월에서 24개월 아이가 좋아하는 것

- 혼자 먹는 것, 숟가락으로 국그릇을 두드려서 국물이 사방에 튀게 만드는 것
- 물건을 마룻바닥의 틈새나 열쇠구멍 속에 집어넣는 것
- 반항의 의미에서뿐만 아니라 재미로 아니라고 말하는 것. 이 나이의 아이에게 원하는 걸 얻어내기 위해 때로는 주의를 딴 데로 돌려햐 한다. 아이가 옷 벗는 걸 거부한다면? 창가로 가서 말한다. "오! 예쁜 자동차도 보이고 회색 비둘기도 보이고 갈색 강아지도 보이네." 아이가 달려와 창문 밖을 쳐다본다. 그 틈을 이용하여 아이 옷을 벗기면 된다.
- 아이는 부모가 무슨 말을 하면 그 반대로 하며 짓궂게 구는 걸 좋아한다.

아이가 오기를 바란다면 떠나는 듯한 표정을 지으며 '안녕'이라고 말하자.

- 어른들 흉내 내는 걸 계속 좋아한다. 두 돌 아기는 엄마의 수첩을 보자 그걸 바구니 속에 집어넣는다. 부모들이 거기에 종이를 집어넣는 걸 자주 보았던 것이다.

- 엄마에게 어리광 부리고 뽀뽀하는 걸 좋아한다.

- 익살을 부려 자기를 보고 있는 사람들을 웃기는 걸 좋아한다. 아이는 놀리기 좋아하고 어리광 잘 부리는 코미디언인 것이다.

- 자기가 무엇을 원하는지 사람들이 금방 알아차리면 좋아한다. 이게 항상 쉬운 일은 아니다. 아이는 분명한 취향을 가지고 있지만 어휘는 제한되어 있기 때문이다.

18개월에서 24개월 아이에게 조심해야할 것

- 아이가 분명하지 않게 발음하거나 어떤 문자나 음절을 잘못 발음한다고 해서 불안해할 필요는 없다. 만 4세 이전에 나타나는 이런 유형의 언어장애는 아무 문제도 없고 불안한 것도 아니다.

- 운동기능이 활발하게 이루어지는 이 시기에 상당히 소란스럽게 구는 아이들이 있다. 이 경우에는 수면과 일과의 규칙성에 주의해야 한다. 또 아이를 집안 안전사고에서 보호해야 한다.

- 자기 침대의 살을 기어오르기 시작한다. 곡예사의 시기인 것이다. 이것은 아이에게 살이 없는 큰 침대가 필요하다는 것을 의미하기도 한다. 아주 낮은 침대를 고르고, 혹시 떨어질지도 모르는 위험에 대비하여 방바닥에 양탄자나 나일론으로 된 판을 깔아주는 것이 좋다.

만 2세에서 2세 6개월까지

두 돌에서 두 돌 반까지의 시기는 차분함과 균형의 시기이다. 뭐든지 다 만지려고 했던 바로 직전의 수선스런 단계와 앞으로 다가올 제멋대로이고 까다로운 두 돌 반에서 세 돌까지 단계 사이에 위치한 평온의 시기이다.

언어능력의 발달

두 돌과 두 돌 반 사이에 아이는 더 사회적이고 더 쉽게 이해받기 시작한다. 자신의 생각을 더 잘 표현하기 때문이다. 이전 단계에서 지칠 줄 모르고 만져댔던 것처럼 이제 아이는 말하는 것에 관심을 갖는다. 사람과 사물을 잘 알아보았으니 이제 모든 것에 이름을 붙이려고 한다. 물건의 이름을 알기 위해 손가락으로 가리키며 '이건 뭐야? 저건 뭐야?'라고 묻는 것이다. 대답을 해주면 그 대답을 메아리처럼 따라한다. 그러고 나서 새로운 단어를 다시 한 번 듣기 위해 같은 질문을 다른 사람에게 던진다. 반복하는 것, 반복하게 만드는 것, 바로 이것이 아이가 배우는 방법이다.

아이로서는 어휘를 풍부하게 할 수만 있다면 뭐든지 다 좋다. 아는 사람들의 이름을 외우고, 장난감들을 열거하며, 주변에 있는 물건들의 이름, 그 주인들의 이름을 부른다. 혼자 있을 때 아이는 배운 단어들을 반복하고 자기가 하는 모든 것에 주석을 단다. 이것이 6~7세까지 계속될 기나긴 독백의 시작이다.

만 2세에서 2세 6개월까지

1. 그림책에 그려진 컵과 곰, 공을 알아보고 자랑스럽게 가리켜보인다. 책의 페이지들을 한 장 한 장 넘긴다.

2. 두 손을 써서 마치 무한한 달팽이처럼 끝나지 않는 원을 아무렇게나 그린다. 왼손잡이라면 왼손을 사용하는 것을 존중해 주어야 한다.

3. 엄마를 흉내 내어 장난감 곰이나 인형에게 먹을 걸 준다. 모든 친숙한 동작에 관심을 가져서 문의 손잡이를 돌리거나 자동차를 운전하는 사람의 동작을 흉내 내는 것이다.

4. 달리면서 좌우를 쳐다볼 수 있다. 공을 손으로 던지고 발로 찰 줄 안다. 바닥에 앉아있을 때 몸을 일으키기 위해 앞으로 몸을 숙인 다음 엉덩이를 밀고 다시 머리를 민다. 벤치나 계단에서 뛰어내리는 것을 좋아한다.

언어 사용의 특징

이 사람 저 사람과, 또는 인형과 말을 하면서 언어에 큰 향상을 이룬다. 단지 새로운 단어들뿐만 아니라 자기 생각을 보다 쉽게 표현할 수 있는 방법을 습득하기도 한다. 아이는 아기 언어에서 조금씩 멀어진다.

우선은 조사의 연결이 이루어진다. 아이는 지칠 줄 모르고 끊임없이 묻고 열거하는 과정에서 이런 연결을 배웠다. 또 '이제 곧, 이제는, 그때, 함께, 또, 조금 뒤에' 등등의 부사가 등장한다. 그 다음 날에는 대명사가 등장한다. 이렇게 하여 하루가 다르게 어휘가 풍부해진다. 어휘의 대부분은 동사다. 때로는 90~100개에 달하기도 한다. 6개월 만에 얼마나 많이 늘었는지! 두 돌에서 두 돌 반까지는 언어 분야에서 특히 중요한 단계다.

하지만 아이들 간의 차이가 언어만큼 크게 나는 영역은 없다. 어떤 아이들은 두 돌 때 단어 70개, 두 돌 반 때 단어 300개를 아는데, 또 어떤 아이들은 두 돌 때 겨우 10개, 두 돌 반 때 100개밖에 알지 못한다. 두 경우 모두 완벽하게 정상적인 아이들이다. 그리고 이런 차이는 평생 동안 지속될 수 있다. 보통 성인의 기본 어휘는 1,500 단어지만, 교양을 갖춘 성인은 3,000 단어, 유식한 성인은 5,000 단어로 다르다.

주변사람들과 언어

물론 개인적 자질이 모든 걸 설명해주지는 않는다. 주변사람들의 역할도 중요하다. 아이가 정상적으로 말을 하려면 애정과 이해에 둘러싸여 살아야 한다. 또 다른 사람이 자신에게 말하는 것을 들어야 하고, 아이의 질문에 대답을 해주어야 하며, 단어들을 변형시키지 말고 친절한 어조로 아이의 노력을 격려해주어야 한다. "가서 손을 씻고 오렴. 그리고 내가 식탁 차리는 것 좀 도와주면 좋겠구나. 아주 잘 했다. 가서 앉으렴. 수프를 가져다 줄 테니까. 조심해라. 그러다가 손 데겠다! 잘 했어! 자, 이제 식사를 시작하렴!"이라고 엄마가 친절하게 말하는 걸 들은 아이가 하루 종일 "수프 먹어라. 오줌 싸야지! 서둘러. 부끄럽지도 않니? 손 씻어, 빨리! 휴, 이런 멍청이 같으니라구! 또 얼룩을 묻혔어! 냅킨을 더럽혔으니 디저트는 안 줄 거야!"라는 말만 듣는 아이보다 훨씬 더 빨리 언어가 는다는 건 분명한 사실이다.

민감한 언어 습득기에 도달했다고 느껴지면 아이에게 자주 명확하게 말을 하고 끈기 있게 대답해주려고 노력하자. 이렇게 하는 것이 항상 쉬운 일은 아니다. 매일 듣는 일상적인 단어들을 알게 되면 새로운 단어들을 사용해서 아이의 어휘를 풍부하게 해주는 것이 좋다. 이 단어들은 아이의 지능을 계발할 것이다.

끊임없는 질문들

아이는 계속해서 질문을 던진다. 사물들을 보고 만지고 싶어 했던 것처럼 그것들의 이름을 알고 싶어 한다. 이런 호기심은 정상적인 것으로, 발육이 늦거나 결함이 있는 아이에게는 이런 호기심이 부족하다.

아이가 어떤 물건을 가리키며 '이건 뭐예요? 저건 뭐예요? 이거 봤어요?'라고 물으면 이름을 가르쳐주면서 항상 설명을 함께 해주어야 한다. '이건 청소기라는 건데 먼지를 없애는 데 쓰인단다.' 굳이 시범을 보여주지 않아도 아이는 콘센트를 꽂고 스위치를 누르고 이 방에서 저 방으로 돌아다니는 것을 본다. 얼마 안 있어서 아이에게 청소기는 새로운 단어일 뿐만 아니라 소리가 나고 집 안을 굴러다니며 청소를 하는 흰색이나 초록색 물건의 이름이 된다. 이렇게 해서 아이의 어휘는 한 단어가 더 늘지만, 아이의 기억은 그와 동시에 청소기라는 단어를 둘러싼 모든 것, 즉 동작과 모습, 상황 등을 기록한다.

다시 질문이 시작되고 '그럼 저건? 저건 뭐야?'라고 묻게 만드는 호기심과 주어진 설명을 알아듣도록 해주는 이해력, 단어와 상황이나 배경 등 그것에 곁들여지는 모든 것의 기억 등 매번 같은 시나리오, 같은 메커니즘이 전개된다.

이런 훈련을 계속 시켜야 한다. 정신은 능숙해지고 메커니즘은 점점 더 빨리 기능한다. 호기심이 커지고, 이해력이 늘며, 기억력이 좋아지기 때문이다. 이렇게 아이는 매일 같이 하나 또는 여러 단어를 자신의 어휘에 덧붙이면서 지식 영역을 넓혀간다.

언어와 사고

지식과 함께 지능이 발달한다. 아이는 점점 더 어려운 것과 이상한 단어에 관심을 가지고, 낯선 상황에 적응하려 애쓰며, 이미 체험한 상황과 비교해보고, 결론을 이끌어낸다.

돌 때만 해도 아이는 장난감이 서랍장 위에 놓여있는 것을 보고도 거기 도달할 방법을 찾지 못했다. 18개월이 된 아이는 의자를 밀고 가서 올라간 다음 인형을 끄집어 내리거나 막대를 이용해서 그걸 떨어뜨린다. 그러나 어른이 그렇게 하지 못하도록 하면 기다렸다가 자신의 계획을 실현해야겠다는 생각은 아직 못한다. 두 돌이 된 아기는 밤이 되기를 기다렸다가 원하는 물건으로 슬그머니 향한다. 아이는 이제 더듬어가면서 해결책을 찾을 뿐만 아니라 깊이 생각해가면서 해결책을 찾기도 한다.

아이가 언어를 자유자재로 사용하면 지능도 빨리 발달한다. 장 피아제는 마음속에 어떤 물체나 사람, 상황을 떠올릴 수 있는 가능성을 새로운 정신적 이미지라고 불렀는데 언어는 그것의 특별한 표현이 될 것이다. 언어 덕분에 아이는 이 표현들을 공간과 시간 속에 조직할 수 있다.

아이 발달을 위한 몇 가지 조언

● 두 돌 반은 친구가 있어도 각자의 놀이를 병행하는 나이다. 각자 자기 입방체와 인형을 가지고 쉴 새 없이 혼잣말을 하며 노는 데 몰두한다. 그렇다고 해서 아이들이 서로 모르는 것은 아니며, 같이 놀지 않아도 이따금 서로를 관찰하고 모방한다. 이 나이에는 아이들이 놀이의 규칙을 제대로 이해하지 못한다. 다른 아이들이랑 놀라고 강요하지 말고 아이가 원할 경우 다른 아이들 사이에서 놀도록 하자.

● 자기 장난감 자동차를 빌려주려고 하지 않으면? 화내지 말자. 아이는 지금 자기 것과 다른 아이들 것을 발견하고 있는 중이다. 아이가 자기 장난감을 떼어놓으려고 하지 않는 건 정상이다.

● 한쪽 구석에서 조용히 혼잣말을 하더라도 그냥 놔두는 것이 좋다. 지금 정

신을 집중시키는 법을 배우고, 상상력을 발휘하는 것이다.

- 혼자 옷을 벗기 시작했으면? 격려해준다. 집안 청소를 도와주려고 하면? 청소 도구를 준다. 어떻게 사용하는지 보여준다. 아이는 도와줄 수 있다는 걸 자랑스럽게 생각한다.

- 두 돌 쯤에 음악에 민감한 시기가 있다. 음악이 나오면 주의 깊게 귀를 기울인다. 노래를 부르고 춤을 추기 시작한다.

- 보통 두 돌에서 두 돌 반 사이에 남자아이와 여자아이의 차이가 두드러지게 나타난다. 점점 더 섬세하고 발달된 방식으로 어른을 모방하며, 자신과 같은 성별을 가진 어른과 자신을 동일시한다.

새로운 두려움을 이해하기

이 나이 때는 대담한 아이라도 새로운 두려움, 예전에는 느끼지 않았던 두려움을 자주 느끼게 되는데, 밤도 두려워하고, 어둠도 두려워하고, 비도 두려워하고, 자동차도 두려워하고, 비행기도 두려워하고, 동물이나 사람도 두려워한다. 두려움은 모든 새로운 인식, 아이를 성장시키지만 처음에는 안심하지 못 하는 모든 발전에 따른다. 물론 이미 본 것처럼 아이의 두려움은 하나의 발전이지만, 우선 극복해야 한다.

아이는 흔히 습관과 의식, 때로는 괴벽까지 만들어가면서 자신의 두려움과 불안정에 맞선다. 식탁에서 자기 컵의 위치를 옮기거나 새로운 접시를 주면 항의한다. 그러나 아이가 까다롭게 구는 건 특히 잠을 잘 때다. 어떤 아이들은 부모가 방을 나가면 이런 두려움이 심리적 불안 상태로 바뀐다. 바로 이 순간 아이는 자기만 혼자 남고 부모는 함께 있다는 사실을 깨닫는다.

아이를 안심시키기 위해 아이에게 좋아하는 이야기를 해주고, 원한다면 바깥의 불빛이 보이도록 문을 살짝 열어둔다. 하지만 아이를 부모 침대로 데려가서 재우면 안 된다. 아이가 부모의 도움을 받아 혼자 남아있도록 만들어야만 한다. 아이를 혼자 자도록 하는 것은 곧 아이가 자율을 향해 한걸음 내딛도록 도와주는 것이다.

만 2세 6개월에서 3세까지

두 돌 반에서 세 돌 사이에 아이는 자기가 주변사람들과 똑같은 자격을 가진 한 개인이라는 사실을 깨닫는다. 그래서 계속해서 '나'와 '싫어'라는 두 개의 단어를 사용하게 될 것이다. '나'와 '싫어'는 아이가 어른들의 세계에서 차지하고 있는 위치를, 아이가 이제 확대시키려고 하는 위치를 결정적으로 나타낸다.

스스로에 대한 인식

겨우 3년 전까지만 해도 아이는 자기가 존재한다는 것을 아직 의식하지 못하고, 엄마와 구분되지 않으며, 자기가 보고 있는 손이 자기 손이라는 것을 모르고, 무슨 물건이라도 되는 듯 자기 발을 물어뜯고, 누가 자기 이름을 말하는 걸 들어도 그게 자신이라는 걸 깨닫지 못하는 신생아였다. 그런데 이제는 자기가 존재한다는 것을 의식하고, 자신의 몸을 인식하며, 자기 몸으로 무엇을 할 수 있는지를 발견하고, 추리하고 기억해내고 원할 수 있는 지능을 갖고 있다는 것을 보여주려고 한다. 그래서 세 돌 된 아이는 거울이나 사진을 보고 그것이 자신이라는 것을 알아본다. 자기 성과 이름을 댈 줄 알고 집 주소를 배우기 시작할 수도 있다.

만 2세 6개월에서 3세까지

1. 여러 개의 입방체로 탑을 쌓는 데 성공하고, 연필을 잡을 때 주먹으로 꽉 쥐는 것이 아니라 손가락으로 잡는다.

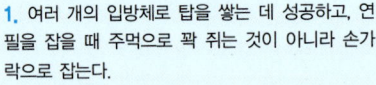

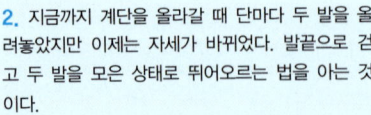

2. 지금까지 계단을 올라갈 때 단마다 두 발을 올려놓았지만 이제는 자세가 바뀌었다. 발끝으로 걷고 두 발을 모은 상태로 뛰어오르는 법을 아는 것이다.

3. 혼자서 신발을 신지만 흔히 왼발과 오른발을 혼동한다.

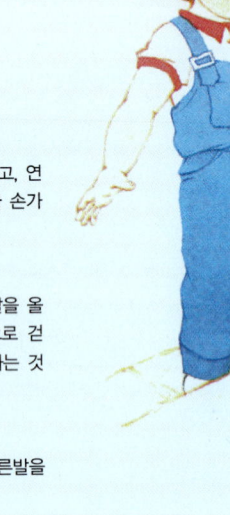

4. 세발자전거에 혼자 올라타고, 방향을 잡으며 페달을 밟을 줄 안다. 여러 동작을 결합할 줄 아는 것이다.

5. 아직은 자신의 동작을 완전히 제어하지 못하기 때문에 성급히 앞으로 달려 나갔다가 재빨리 멈추지 못해 상처나 혹이 생기기도 하고 울기도 한다. 다행스럽게도 한 손을 짚어 큰 부상을 입지는 않는다.

'싫어'와 '혼자 할래'

자신의 발견이 아이에게 지혜를 준다고 믿을 수 있다. 그런데 사실은 전혀 그렇지 않고 오히려 반대다. 아이에게는 분별력이 전혀 없다.

두 돌 반이 지나면 아이는 화가 나서 얼굴이 벌게진 채 걸음을 떼기를 거부하고 아빠는 몹시 난처해하며 아이의 팔을 잡아끄는 전형적인 그림이 나온다. 아이는 먹기를, 잠자리에 들기를 거부하며, 더 이상 '네!' 라고 말할 줄을 모른다. 그저 뭐든지 다 '싫어! 싫어!'이다.

'놀고 싶어? 밖에 나가고 싶어? 목욕하고 싶어?' 대답은 항상 똑같다. '싫어! 싫어!' 이어지는 고함소리가 모든 걸 설명해준다. '나 혼자 할래! 나 혼자 할래!'

아이가 '싫어!'라고 말하는 것은, 자기가 하게 될 것을 스스로 결정하고 도움 없이 하고 싶기 때문이다. 목욕 시간에 혼자 옷을 벗으려고 하는데 아직은 그럴 수가 없기 때문에 옆에서 도와주어야만 하고, 그래서 아이는 운다. 오래 전부터 봐온 이 장면은 아이의 비극이다. 아이는 자기가 어떤 사람이라는 사실을 알게 되었고 독립에 대한 욕구도 가지게 되었다. 그런데도 어른들이 여전히 필요한 것이다.

반항의 시기

아이는 감정이 순식간에 변하기도 하지만 또 오랫동안 몰두하지도 못한다. 10분쯤 인형 놀이를 하다가 인형을 던져버린다. 잠시 한쪽 구석에서 조용히 가만있다가 일부러 큰 소리를 낸다. 어떤 날은 오랫동안 낮잠을 자고, 또 어떤 날은 10분밖에 안 잔다. 어느 날은 허겁지겁 먹다가도 그 다음 날에는 한입만 먹고 만다. 대개 아이는 더 이상 아가의 식사를 원하지 않는다. 자기도 어른들이 먹는 요리를 먹고 싶은 것이다. 옷도 마찬가지다. 한 마디로 말해서 이제는 완전히 딴 사람이 되고 싶어 한다.

이런 위기는 아이에 따라 며칠 만에 끝나기도 하지만, 몇 주일이나 몇 달씩 계속되기도 한다. 위기가 기억할만한 두세 가지 사건으로 끝날 때도 있다. 그러나 짧던 길던 위기는 주위사람들에게 문제를 일으킨다. 아이는 어른들과 자신의 관계가 바뀌었다고 느끼는 듯하다. 아이는 힘의 대결이라는 무시무시한 함정 속으로 어른들을 유인하려 애쓰는 것처럼 보인다. 아이는 어느 선까지 밀고나가도 되는지를 알기 위해 어른들의 약점을 알고, 금지되고 불가능한 것과 허용되고 가능한 것을 구분하려고 노력한다.

어떻게 반응할까?

- 불가능한 것을 요구할 때는 단호하게 안 된다고 말해야 한다. 뭐든지 다 들어주면 금방 응석받이가 되고 말 것이다. 아이에게는 한계를 정해줘야 한다.
- 반대로 공원에서 자유롭게 돌아다니거나 혼자 뛰어다니고 싶어 하면 그냥 내버려두고 안전한지만 확인한다.
- 혼자 식사를 하고 싶어 하면? 어떻게 하는지를 보여준다. 신발 끈을 매고 싶어 하면? 여유를 갖고 천천히 하도록 내버려둔다. 아이는 애를 쓸 것이다. 부모는 아이가 마무리를 짓도록 도와줄 수는 있지만 아이가 모른다는 구실로 뭐든지 다 해주면 아이는 아무 것도 배우지 못할 것이다.
- 항상 '그건 내 거야! 그것도 내 거야!'라고 말하지만 나중에 나타날 수도 있는 이기주의와는 전혀 아무 관련이 없다. 그런 말을 하는 것은 타인들과 관련한 자아의 발견을 표현하는 것으로 아이 발달의 중요한 한 단계다.
- 항상 '싫어'라고 말한다고 심각하게 생각할 필요는 없다. 아이가 복종하지 않거나 화나게 하려고 그렇게 말하는 것은 아니다. 아이는 자기가 존재한다는 것을, 자신의 취향과 생각을 가지고 있으며 스스로 결정할 수 있다는 것을 증명하고 싶어 한다.
- 아이를 더 이상 아기로 간주하지 않는다는 걸 보여준다. 큰 아이들의 물건을 가지고 놀도록 내버려두는 것이 좋다.

만 3세 이후

세 돌은 상상력의 시기인데, 즉흥적이고 요구가 많으며 심지어는 전제적이기까지 한 상상력이다. 이 상상력을 충족시키기 위해 아이는 얘기를 해달라고 요구한다. 아이에게는 이야기가 많이 또 자주 필요하다. 누가 해주던 모든 이야기에 만족하다가 때로는 아주 분명한 취향을 보인다.

아이는 이야기를 들으며 자란다

이야기를 해주기에 가장 좋은 순간은 대개 밤이다. 아빠나 엄마가 침대 옆에 앉아 아이의 손을 잡고 부드러운 목소리로 얘기를 들려준다. 이때 엄마나 아빠의 관심을 끌기 위한 아이의 기술은 참으로 놀랍다. 부모의 관심을 잡아두기 위해서 아이는 계교와 매력, 지능, 아양 등 모든 것을 동원한다. 아이는 자기가 이야기를 해주는 사람의 말에 적극적인 관심을 기울인다는 것을 보여주고 줄거리를 예상치 못한 방향으로 전개시키기 위해 '그래서?'를 능수능란하게 사용하기 시작한다. 그러다가 이야기의 줄거리가 느슨해지는 것 같으면 이야기에 깊이 빠져든 것 같은 표정으로 세세하고 정확한 것을 묻는다. '어디서? 언제? 어떻게?' 아이의 어휘가 많이 늘었고 어휘를 상황에 맞게 사용한다. 마지막으로 이야기를 해주는 사람이 방에서 나가려고 하면 이제 남아있는 건 단도직입적인 방법뿐, 아이는 다른 이야기를 해달라고 조른다. '마지막으로 한 가지만 해주세요! 약속할게요! 맹세할게요! 하나만 더 듣고 잘게요!'

얘깃거리가 다 떨어지면 지어내도 된다. 모든 사람과 모든 상황을 다 동원하여 이야기를 꾸며낼 수 있는 것이다. 속편과 종결편도 지어내면 된다. 어려운 일은 아니다. 아이는 넋을 잃고 입을 벌린 채 귀를 기울이는 매력적인 청중이다. 아이는 뭐든지 다 믿고, 뭐든지 다 즐겁게 듣고, 뭐든지 다 받아들일 준비가 되어있다.

아이가 좋아하는 이야기의 조건

- 얘기해주는 걸 좋아한다면 영화의 마지막 장면에서처럼 악인이 대가를 치러야 한다는 사실을 알아두자. 게다가 아이는 '그 사람 좋은 사람이에요? 그 사람 나쁜 사람이에요?'라고 끊임없이 물어댄다.
- 한 등장인물이 여러 가지 모험을 할 경우에 아이는 그 인물이 늘 같은 장점과 단점을 갖고 있는 것을 좋아한다. 어느 날은 용감했다가 또 어느 날은 겁쟁이일 수는 없는 것이다.

● 줄거리는 신속하게 전개되어야 한다. 지나치게 많은 설명이 필요하다면, 그건 줄거리가 제대로 짜이지 않았기 때문이다. 그러나 약간의 수수께끼는 반드시 필요하다. 긴장감이 있어야 아이가 집중한다.

● 중간 중간에 개입하는 약간 우스꽝스러운 인물은 무시해서는 안 될 긴장 완화 요소다. 주요한 단어들과 문장들이 이런 인물의 입을 통해 주기적으로 등장하게 할 수도 있다.

● 아이를 즐겁게 하는 요소는 달리는 것, 나는 것, 도로, 기차, 악어나 하마, 사자 같은 무서운 동물, 귀엽게 생긴 작은 동물, 전설의 영웅 등이다.

● 아이나 약한 어른이 힘센 건장한 악인에게 승리를 거두거나, 어린애가 상황을 호전시키는 것을 좋아한다. 다윗과 골리앗은 무한 반복될 수 있는 이야기다. 죄 없는 사람이 겪는 위험과 용감한 사람이 극복하는 어려움은 모든 이야기의 영원한 요소다.

만 3세 이후

1. 균형감각을 획득한다. 이미 어른과 같은 균형 상태로 걷는가하면 난간을 잡고 계단을 내려간다. 그러나 내려갈 때는 여전히 두 발을 각 단 위에 올려놓는다.

2. 동작을 제어한다는 또 다른 증거로 컵에 물이 넘치지 않게 따르고 종이에 십자가를 그릴 수 있다.

3. 혼자 양치질을 시작하며 그걸 자랑스러워한다.

이야기를 만드는 아이

아이는 얘기 듣는 것 이상으로, 얘기를 꾸며내는 것을 좋아한다. 등장인물들은 자연스럽게 아이의 머릿속에 떠오른다. 곰과 인형에게 옷을 입히고, 씻기고, 먹이고, 재우고, 얘기를 해주고, 벌준다. 아이는 인형에게만 말하는 것이 아니라 주변의 사물들에게도 말을 한다. 탁자에 부딪치면 '나쁜 탁자 같으니! 날 아프게 했어! 널 벌줄 거야!'하는 식이다. 아이는 조약돌이나 나무, 구름 등 모든 물체가 살아 있다고 생각하기 때문이다.

아이의 머릿속에 자연스레 떠올라 꽤 다양한 이야기의 주인공이 되는 또 다른 등장인물은 바로 아이 자신이다. 아이는 자신에게 일어난 모험을 이야기하거나 세심하게 모험 이야기를 꾸며낸다. '나는 권총으로 늑대를 죽였다.' 그리고 세세한 부분을 지어낸다. 표정이나 몸짓으로 흉내를 내며 자기가 직접 그 모험을 하는 것처럼 굴기도 하는데, 이때 자기가 주인공이 된다.

그리고 친구들이랑 같이 있으면 아이는 각자에게 역할을 분담시키기 시작한다. '난 대장이고 넌 적군이야. 난 엄마고 넌 아기야!' 아이들은 항상 자기가 멋진 역할을 맡으려고 한다.

상상의 친구

장난감도, 물건도, 그 자신의 모험도 상상력을 충족시키기에 충분하지 않으면 친구를 만들어 많은 얘기를 한다. 상상의 친구는 접시를 깨거나 잼 속에 손가락을 집어넣거나 아빠 말을 안 듣는 등 미운 짓만 골라하는 말썽꾸러기일 수도 있고, 함께 외출도 하고 함께 즐거워하기도 하면서 같이 생활하는 충실한 친구일 수도 있다.

어떤 부모들은 상상의 친구에 대해 불안하게 생각한다. 이 상상의 친구가 즐거운 친구로 계속 남아있고 아이가 이 친구와 재미있게 지내기만 한다면 불안하게 생각할 필요 없다. 그러나 이 상상의 친구가 아이 생활의 중심이 되고, 아이가 이 친구 때문에 주변사람들에게 무관심하고 갖고 놀던 장난감도 그냥 내팽개쳐 놓는다면 그건 불안한 일이다. 폭군이나 다름없는 이 상상의 친구를 잊도록 도와주는 가장 좋은 방법은 아이에게 진짜 친구를 찾아주는 것이다. 아이가 상상의 친구를 만들 때는 대체로 어린이집에 갈 나이거나 친구들을 필요로 할 때다. 어떤 결핍을 충족시키고 불안을 극복하기 위해서, 또는 갈등을 해결하기 위해서 아이가 상상의 친구를 만들어야 할 필요를 느끼기도 한다.

허구에서 현실로 넘어가기

아이의 상상력은 한계를 가지고 있으며, 현실을 은폐하지도 않는다. 아이는 허구에서 현실로 넘어가는 법을 스스로 터득하게 된다.

니콜라는 하루 종일 곰 인형을 돌보았다. 이 인형에게 먹을 걸 주고 날이 춥다며 외투도 입혀주었다. 밤이 되자 엄마가 그에게 말했다.
"우선 곰 인형을 재우렴. 피곤하니까 말이다. 그러고 나서 양치질을 하렴."
그러자 니콜라가 엄마에게 대답했다.
"곰이 피곤할 리가 없어요. 천으로 만들어져 있는걸요"

아이가 때로는 지나치게 상상에 몰두하는 바람에 아이가 사실을 말해도 믿기 힘들 때가 있다. 예를 들면 아이가 산책을 마치고 돌아와 이렇게 말한다. "경찰관 아저씨가 강도를 쫓아가는 걸 봤어요." 그 말이 사실이든 아니든 아이가 표현을 하도록 내버려두자. 그리고 아이가 꾸며낸 이야기를 거짓말로 취급하지 말자. 나중에 이 상상의 삶의 한계를 알게 될 것이다. 예외적인 인물들을 상상해내고 그들의 모험을 이야기하는 것은 세계를 자기가 접근할 수 있는 거리에 놓고 자기가 꾸며내는 상황을 제어하는 하나의 방법이다.

만 3세 아이에게 말하는 방식

만 3세라는 나이는 정말 유아기 마법의 세계다. 상상적인 것, 동화적인 것이 그 세계를 가득 채운다. 그것은 상상력의 승리다. 이 상상력이 아이의 언어에 시정과 유머를 부여하기 때문에, 세 돌쯤 아이들 말의 황금기가 시작된다.

이런 사고는 어떻게 진행될까? 이 사고는 어른들에게서 형태를 빌려와서 그 그릇 속에 내용을 집어넣는다. 그렇다면 어른들은 아이의 질문에 뭐라고 대답할까? 어른의 대답은 거의 항상 '~하는데'나 '~

같은'으로 시작된다.

이런 설명을 계속 듣고 난 아이는 이 두 가지 설명 방법을 주변에 있는 것들에 적용할 준비가 되어 있다.

사물을 보는 다른 방식

아이는 사물을 보는 매우 개인적인 방식을 가지고 있다. 예를 들어 아이는 미세한 세부를 주목한다. 그래서 어른이 하는 것처럼 비교를 통해 사고를 하되 어른들은 결코 연결시키려는 생각을 못했을 물체들을 연결시킨다. 예를 들어 바다는 넓은 수영장이고 조약돌은 아주 단단한 씨가 되는 식이다.

게다가 아이는 어른을 모방하는 것으로 그치지 않는다. 아이에게는 그 자신만의 추리 방식이 있다. 아이는 누가 말하는 것을 듣고 그것을 기억하며, 거기서 자기 자신의 결론을 이끌어낸다.

"송아지 엄마가 누구예요?"
"암소지."
"병아리 엄마는 누구예요?"
"그건 암탉이지."
"그럼 물의 엄마는 수도꼭지예요!"

물론 어른의 모방이나 논리가 아이의 말을 설명해주지 못하는 경우도 있다. 아무 근거도 없고 알아들을 수도 없는 시적인 문장을 말하기도 한다. 어떤 단어를 말하며 즐거움을 느끼는 것이다. 어떤 단어에 매혹되었고, 그 단어를 사용할 기회를 노리고 있다가 현실과는 아무 관련이 없는 문장을 말하는 것이다.

다른 사람들의 존재 인식

세 돌이 되기 전에도 아이는 다른 사람들이 존재한다는 것을 잘 알고 있지만, 별다른 중요성을 부여하지 않는다. 아이는 가까이 지내는 사람들에게 특히 관심을 가진다. 세 돌이 되면 아이의 관심이 확대된다. 어린이집에 가는 아이들은 사회화가 좀 더 일찍 이루어진다. 세 돌이 되고 나면 아이는 친한 사람들의 범주 밖을 보고, 다른 사람들과 그들의 표정을 관찰하고, 모방하려 애쓴다. 특히 다른 사람들을 시간 공간적으로 위치시키고 관계를 맺으려 애쓴다.

아이는 사람들의 나이와 무슨 일을 하는지, 그들을 서로 연결시키는 게 어떤 관계인지를 알고 싶어 한다. 그러고 나서 아이는 자신을 놀랍게 하는 한 가지를 발견한다. 자신의 일부와 마찬가지인 엄마와 아빠가, 모르는 사람들과 공통점을 가지고 있다는 것이다. 즉 길거리에서 만나는 사람들과 마찬가지로 아빠는 남자고 엄마는 여자인 것이다.

사회성이 싹트는 시기

사회에 대해서도 다른 견해를 갖게 된다. 전에는 '나 혼자서만'이라고 말했지만 이제는 '둘이서'라고 말하는 걸 들을 수 있다. 심부름을 하고, 식탁을 차리고 치우는 걸 도와주기를 좋아한다. 아이는 다른 사람들의 동의를 구한다. '이렇게 하면 돼요?' 아이는 상대의 마음에 들 수 있는 방법들을 찾아낼 준비가 되어 있다. 6개월 만에 아이는 정말 많이 달라졌다.

만 4세는 최초의 우정관계가 형성되기 시작하는 나이다. 그리고 주변사람들의 자세한 내력을 알고 싶어 했던 것과 마찬가지로 아이는 자기 자신의 내력을 알고 싶어 한다. '제가 태어나지 않았을 때 전 어디 있었어요?' 그리고 부모의 결혼식 사진에 왜 자기가 없는지 놀라워한다. 아기의 탄생과 동물의 탄생에 관심을 갖기 시작해서 질문을 던진다.

임신한 여성을 유심히 보기도 하고 자기에게 젖을 먹였는지 엄마에게 묻는다. 아이는 경계선의 저편, 큰 아이들 편에 자기가 있다고 느끼며, 자기보다 어린 아이들이 먹는 것을 기꺼이 도와준다. 어른들을 발견한 이후로는 그들에 대해서는 점점 덜 관심을 갖고 아이들에 대해 점점 더 관심을 갖는다.

전형적인 인물들을 그린다. 심리학자들이 머리 큰 사람이라고 부르는 이런 그림에는 얼마 뒤 꽃과 나무, 집, 태양이 곁들여진다. 아이가 벽에 그림을 그리지 않도록 종이와 색연필을 준비해두는 게 좋다.

만 3세부터 아이가 좋아하는 것

- 놀이를 조직할 수 있다. 나이가 자기보다 많은 아이와 놀면서 각자에게 맞는 위치를 찾을 수 있다.
- 또래 아이와 노는 걸 좋아한다.
- 세 돌은 흔히 생일 파티하는 것을 좋아하는 때다. 친구들이 이 파티를 위해 오고 자기도 나중에 그들의 생일 파티에 초대받을 것임을 이해한다.
- 길거리나 공사장에서 거대한 기중기를 가지고 하는 공사를 관찰하는 것을 좋아한다. 또 고양이나 개, 새, 물고기 등 친숙한 동물을 보살피는 것도 좋아한다.
- 칭찬하는 것을 좋아한다. 아이는 남을 즐겁게 해주는 것이 곧 자기 자신을 즐겁게 만든다는 사실을 이해한다.
- 눈이 귀 옆에 바로 붙어있는가 하면 머리가 태아를 연상시키는 이상하고

오이디푸스 콤플렉스

이 나이 때의 남자아이는 엄마에 대한 독점욕이 매우 강해지고 까다로워져 엄마에게 더 많은 감정 표현과 입맞춤을 요구한다. 여자아이는 아빠를 곁에 두기 위해 아빠 품에 몸을 웅크린 채 무슨 수를 써서라도 관심을 끌기 위해 애쓴다. 게다가 아이는 아빠 엄마가 둘이서만 있는 걸 무슨 수를 써서라도 방해하는 수가 있다. 아빠와 엄마를 떨어뜨려 놓으려고 애쓰고 부모들이 함께 있는 걸 보자마자 두 사람 사이에 있으려고 아빠 엄마의 품으로 뛰어든다.

프로이트는 모든 아이들이 체험하고 모든 부모가 관찰할 수 있는 이런 복잡한 상황을, 즉 같은 성을 가진 부모를 멀리하

고 다른 부모를 독점하려는 아이의 욕망을 오이디푸스 콤플렉스라고 불렀다. 이 단계는 아이가 자신을 성을 분명히 알고, 그걸 통해 성장하도록 해준다.

아이는 자신의 라이벌인 아빠나 엄마를 제거할 수가 없기 때문에 그가 처해 있는 복잡한 상황에서 빠져나가기 위해 그들의 자리를 차지하는 것을 포기하고 자신의 감정과 열정을 무의식 속에 억압한다. 아이는 라이벌을 닮고, 모방하고, 자신과 일치시키고 싶어 한다. 여자아이는 엄마와, 남자아이는 아빠와 그렇게 하고 싶어 하는 것이다. 그렇게 해서 아이들은 자기가 남자라는 것을, 또는 여자라는 것을, 그리고 남자와 여자가 다르다는 것을 깨닫는다.

만 3세 아이를 올바로 대하는 법

● 말이나 동작이 공격적인 아이에게 '이런 버릇없는 녀석! 못된 녀석 같으니!'라고 말하는 것은 전혀 효과가 없다. 공격적인 것은 아이가 더 많은 애정을 요구하는 표현이기 때문이다. 주저하지 말고 아이에게 애정을 표현하자. 단, 아이가 아빠 엄마 사이에 무조건 끼어드는 것을 내버려둬서는 안 된다.

● 상대적으로 덜 사랑받는 부모라면 아무 일 없다는 듯 행동하는 것이 가장 간단한 방법이다. 하지만 사랑받는 부모라면 '빨리 가서 엄마에게 뽀뽀하렴'이라든지 '소풍을 가자는 생각을 해낸 건 아빠시란다'라고 말하여 상대를 돋보이게 하는 게 좋다.

● 아이가 엄마, 또는 아빠를 독점하고 싶은 이 순간에 어린이집에 보내면 아이는 부모에 대해 불신을 갖기 때문에 부모가 자기를 멀리하려 한다고 믿을 수도 있다. 아이의 반응에 유의하여야 한다. 어떤 경우에는 어린이집에 보내는 시기를 늦추어야만 할 수도 있다. 사회성이 있는 아이의 경우에는 반대로 어린이집이 새로움과 생활에 가져다주는 기분전환을 통해 어려운 상황에서 탈출하도록 도와줄 수 있다.

J'ÉLÈVE MON ENFANT

Laurence PERNOUD

내 아이에게 반드시 가르쳐야 할 것들

제4장은 아이를 이해할 수 있도록 돕기 위해 쓰였다. 두 돌에서 두 돌 반 사이 아이의 '싫어'가 아이가 자율을 획득하는 데 중요한 단계라는 사실을 알게 되면 더 이상 부모를 향한 공격으로 생각하지 않게 될 것이다. 다른 많은 영역에서도 마찬가지다. 시기별로 아이가 어떤 생각을 하고 어떤 감정을 느끼는지를 살펴봤으니, 이제 아이가 살아가는 데 있어 꼭 필요한 자질들을 교육시키는 법을 다루려고 한다.

아이에게 가장 필요한 교육

아이에게 가장 큰 영향을 미치는 것은 부모가 아이에게 말로 가르치는 것이 아니라 부모가 아이 앞에서 하는 행동, 부모가 사는 방식, 부모의 활동, 부모의 관심사, 부모의 취향, 부모가 아이 앞에서 나누는 대화, 부모가 아이를 살게 만드는 환경, 부모의 기분, 부모의 미소, 아이에 대한 부모의 관심, 부모의 독서, 테이블 위에 놓여 있는 신문, 부모가 듣는 CD, 부모가 보는 텔레비전 방송이다.

말 없는 교육의 중요성

아이에게 가장 큰 영향을 미치는 교육은 말 없는 교육이다. 아이에게 삶에 필요한 자질을 가르치고 길러주기 위해 '이렇게 해야 한다'고 아무리 말해도, 부모가 보여주는 모습보다 영향을 끼치지 못한다. 예절과 언어, 정직함, 문화, 취향 등 모든 영역에서 마찬가지다.

아이는 주변사람들의 말과 동작, 표현을 듣고 모방하고 반복한다. 아이가 자신이 사는 환경 속에서 매일매일 익숙하게 받아들이고 느끼는 그 자체가 가장 핵심적인 교육 내용인 것이다. 그러므로 아이에게 직접 말하거나 큰 원칙을 표명하지 않고도, 아이가 알아야 할 핵심 메시지를 모두 전할 수 있다. 행동이 말과 모순을 이룰 때는 행동이 더 중요하다. 부모가 보여주는 행동은 A인데, 아무리 말로 B라고 해봤자 소용없는 것이다.

예절은 곧 사회성

교육에 대한 첫 번째 평가는 흔히 '아이가 아주 잘 자랐는데!'라는 말로 표현된다. 간혹 아직 어린아이에게 예절교육을 꼭 시킬 필요가 있는지 의문을 품는 사람들도 있는데, 오히려 어린 아이일 때부터 차근차근 예절을 가르쳐야만 사회성이 함께 자라날 수 있다.

'고맙습니다'라는 말을 할 줄 아는 아이는 아주 자연스럽게 그렇게 말하고, 다른 사람들 역시 자기에게 그렇게 말해주는 걸 좋아한다. 그런 아이는 미끄럼틀에서 자기 차례를 기다리고, 부모들이 통화 중일 때는 부모들의 말을 중단시키지 않으며, 어른들의 대화에서 관심을 독점하지 않는 법을 조금씩 배워간다. 아이들은 이렇게 해서 타인들의 존중이 가져다주는 평온에 민감해지고, 미래를 위한 삶의 기술을 학습한다. 즉 입에 음식을 가득 집어넣는 것이 아니라 입을 꼭 다물고 먹으며, 식탁에 쓰러지듯 주저앉는 것보다는 똑바로 앉는 것이 모두에게 더 유쾌하다는 사실을 깨닫는다. 예절학습은 단순한 교육 그 이상이다.

자율성과 독립성

아이를 키운다는 것은 무엇보다도 아이가 자율적으로 되도록 도와주는 것이다. 이것은 감정적 안전의 토대를 마련하는 것으로 시작되고, 그 후 연속적으로 분리되는 단계를 거친다.

탄생, 젖떼기, 어린이집을 거치면서 아이는 부모 없이 지내는 법을 조금씩 배워나간다. 부모를 떠나는 것이 자신의 운명이라고 느끼기라도 한 것처럼 두 걸음을 뗄 수 있자마자 부모가 손을 내밀면 벌써부터 짜증을 낸다. 말을 할 수 있자마자 바로 소리친다. '나, 아기 아냐!' 그리고 '내가 크면'이라는 말을 노래의 후렴처럼 되풀이한다. 아이가 혼자 행동하고 싶어 하는 건 아빠처럼, 엄마처럼, 형처럼, 언니처럼 하고 싶어서다. 부모 도움 없이 수저를 쥐려고 한다고 해서 그게 변덕은 아니다. 그리고 길거리에서 부모의 손을 놓으려고 한다거나 내일은 부모 없이 혼자 학교에 가려고 하는 욕구는 정상이다. 바로 이 성장의 욕구가 아이를 하루가 다르게 커나가도록 만든다.

하지만 아이가 혼자 하는 것을 기다려주지 못하는 부모들은 아이의 독립을 가로막는다. 아이가 시도를 해보도록 놔두기 위해서는 부모의 인내심이 필요한 것이다. 그리고 또 하나, 부모는 아이가 자기 없이 지내려고 애쓴다는 사실을 받아들여야만 한다.

감정적 안전

아이의 욕구 가운데 가장 중요한 것을 고르라고 하면 감정적 안전을 고르겠다. 아이에게 안전을 보장한다는 것은 마실 것과 먹을 것을 주고, 추위와 병으로부터 보호하는 것을 의미한다. 물질적 안전은 생존에 필수불가결하다. 그러나 아이에게는 자기가 안전하다고 느끼는 것이 훨씬 더 중요하다.

갑작스럽게 무슨 소리가 나자 소스라치게 놀라며 본능적으로 엄마에게 몸을 바짝 붙이는 젖먹이를, 또는 아직 잘 걷지 못해서 소아과 병원에 들어갈 때는 엄마의 손을 꼭 움켜잡는 아기를 보라. 난생처음으로 미끄럼틀을 타기 전에 아빠의 시선을 찾는 어린 소년을, 정말로 어린이집이 끝날 때 자기를 데리러 올 것인지 아빠에게 확인하는 어린 소녀를 보자. 이 아이들은 무엇을 찾는 것일까? 그들을 위안해주는 부모의 존재, 그들이 새로운 것에 도전하기 위해 불어넣어주기를 바라는 자신감. 아이들은 바로 그것, 자신의 안전을 찾는 것이다.

아이의 안전에 대한 요구는 나이에 따라 다르다. 때로는 부모의 침착성을 필요로 하다가 또 때로는 부모의 이해를, 또 때로는 부모의 단호함을 필요로 한다. 아이는 부모를 확신하고, 부모의 애정을 확신하여 모든 대담한 행동을 할 수 있으며, 변화와 질병, 이별을 견뎌낼 수도 있다.

다른 성별의 생식기를 쳐다보고 만지는 발견에 충격 받을 필요는 없다.

성교육은 남성과 여성 사이에는 사랑의 관계가 존재한다는 발견이기도 하다. 아이는 흔히 부모들을 통해서 가장 먼저 이 관계를 발견한다. 아빠와 엄마가 어떻게 가까워졌는지, 어떻게 해서 서로 알게 되었는지, 아이를 가지고 싶어 한 것, 함께 살며 느끼는 기쁨 등을 아이에게 얘기해 주는 것이 중요하다.

성교육은 스스로를 인식하는 과정

성교육은 어떻게 아기가 생기고 어떻게 태어나는지를 가르쳐주는 것만은 아니다. 우선 아이가 어릴 때는 어떤 성에 속해 있는지를 인식하고, 편안함을 느끼도록 도와주어야 한다. 세 돌쯤 되어 남성과 여성의 해부학적 차이를 발견하면 그냥 내버려두고 아이가 자신의 생식기나

성에 대한 교육

● 아이의 나이와 이해 단계, 생활양식을 존중한다. 예를 들어 어린이집에서 들었던 이야기와 부모가 해준 이야기가 달라지면 혼란이 올 수 있다.

● 나중에 부인해야 하는 거짓 대답은 하지 않는다. 한 차례 속은 아이는 더 이상 부모 말을 믿지도 않고 더 이상 질문을 안 할지도 모른다. 그러나 질문을 던지는 틈을 이용해서 아이가 요구하지도 않은 세세한 부분까지 설명할 필요는 없다. 어쩌면 아이는 부모가 해준 얘기를 잊어버리고 사흘 뒤에 똑같은 질문을 다시 던질지도 모른다.

● '넌 너무 어려'나 '넌 이해 못해' 같은 말로 회피하려고 하지 않는다. 각 나이에 맞는 설명이 있다. 대답하기가 난처한 질문을 갑자기 받으면 그냥 '그 질문, 나중에 다시 한 번 해주렴. 그럼 충분한 시간을 갖고 거기 대답할 수 있을 거야'라고 말한다. 그러면 그 질문에 대해 충분히 생각할 수 있는 시간을 얻게 된다. 출생과 성교육에 관한 책들이 많이 나와 있으므로 아이들의 흔한 질문에 대한 대답의 예들을 아이의 나이에 맞게 찾아낼 수 있을 것이다.

아이를 대하는 부모의 태도

많은 부모들이 가장 어려워하는 것 중 하나가 어디까지가 적절한 선인지 모르겠다는 것이다. 혼을 내야 할까? 칭찬을 해야 할까? 안 된다고 말해야 하는 걸까? 그냥 받아줘야 하는 걸까? 어쩔 수 없는 일이지만, 상황과 아이의 감정 상태에 따라 답은 달라진다.

과잉보호

부모들은 원래 자기 아이들을 보호하는 경향이 있다. 아이는 너무 작고 너무 연약해 보이며, 완전히 의존적이다. 부모는 아이의 울음소리와 위험을 모르는 행동, 해선 안 되는 행동을 하는 아이에게 끼어들고 싶어 한다. 부모는 자기 아이에게 무슨 일이 일어날까봐 두려워한다. 아이가 잠을 자면 숨은 제대로 쉬는지 확인하고, 열이 조금만 올라도 불안해하며, 떨어져서 무슨 사고라도 당할까봐 걱정한다.

부모들이라면 누구나 이런 두려움을 겪는다. 그러나 이런 두려움에 사로잡히고 아이가 모든 순간의 관심사가 되어버리면 아이는 과잉보호와 불안의 무게에 눌려 숨 막혀 한다.

아이는 과잉보호에 여러 가지 방법으로 반응한다. 자폐아가 되어 더 이상 무얼 할 용기를 내지 못하고 모든 새로움과 변화를 두려워할 수도 있고, 신경질적이고 늘 불안해하는 성격으로 변해 어른이 개입하는 것에 반대할 수도 있다.

아이를 키울 때는, 특히 첫째 아이여서 경험이 부족할 때는 어느 정도 시간이 지나야 중용을 찾을 수가 있다. 하지만 아이가 위에 나오는 상황 중 하나라면 잘 생각해보고 스스로에게 질문을 던져보기 바란다. 아이를 과잉보호하는 것은 아닌지, 아이의 안전을 위해서가 아니라 그저 부모의 불안에 대처하기 위한 것은 아닌지 스스로 생각해보는 것이 좋다.

부모의 권위

아이들에게 권위를 보였다가 너무 엄하게 보이고 상처를 줄까봐 두려워하는 부모들, 까다롭게 굴다가 아이에게 사랑받지 못 할까봐 걱정하는 부모들에게 다음과 같이 말하고 싶다. 부모의 단호함을 신뢰할 수 있다는 것이 아이를 안심시키고 아이가 스스로를 자라도록 도와준다는 것이다. 그렇다고 해서 권위가 너무 일찍부터 발휘되어서는 안 된다. 생후 몇 개월부터 바로 엄하게 굴어야 아이가 예의바르게 자랄 것이라고 생각하는 부모들도 있는데, 결코 아니다. 권위란 연령을 고려해야 한다.

아이의 욕구가 우선되는 시기

태어나서 첫 해에는, 또 조금 더 커서까지도 아이는 권위가 무엇인지를 이해할 수가 없다. 아이는 무엇보다도 자신의 욕구를 충족시켜 주기를 바란다. 그래서 아이가 울면 안아주고, 무서워하면 안심시켜 주고, 아이가 던졌지만 다시 주울 수는 없는 물건을 주워주거나 찾도록 도와주는 것이다. 아이는 즉각적인 반응과 어느 정도의 기다림을 배우는 학습 사이에서 균형을 발견한다. 5~6개월 된 아기가 정해진 시간이 되기 전에 시끄럽게 울면서 젖병을 달라고 요구할 때 가지고 놀 장난감을 줌으로써 참는 법을 가르쳐줄 수 있는 것이다. 욕구불만과 기다림, 응답에 대한 예상의 학습은 오랜 시간이 걸린다. 부르면 누군가가 온다는 사실을 이해하고, 스스로 위안하고 기다릴 수 있다는 사실을 아기가 깨닫기 위해서는 몇 달의 시간이 필요하다.

안 되는 것을 가르치는 시기

걷기와 '싫어'의 출현에서부터, 즉 자율의 정복이 시작될 때부터 아이는 어른들이 한계를 정해주고 어른의 권위를 표명하며 자신에게 위험의 개념을 알려주기를 정말 필요로 한다. 즉 세탁기의 스위치는 누르지 말아야 하고, 텔레비전은 켜지 말아야 한다는 금지된 것들이 있고, 집안 청소와 벽장 정리를 도와주는 것처럼 허용된 것들이 있는 것이다. '싫어'라고 말하고 맞섬으로써 18개월에서 두 돌까지의 아이는 그 역시 권위를 증명해보이려 하는데, 어떻게 보면 어른의 권위를 시험하는 셈이다. 그렇기 때문에 이 나이의 아이와는 힘의 관계를 맺어서도 안 되고 동등하게 다루어서도 안 되는 것이다. 달래줌으로써 부모의 권위를 강요할 수는 있다. "외출하려면 외투를 입어야 해. 보렴. 너, 두건 쓴 곰 인형 좋아하잖아." 그러나 어떤 순간에는 협상을 하지 않고 권위를 보여주는 게 필요하기도 하다. 매일 밤 목욕을 하는 것, 친구 집에 놀러갈 때는 장난감을 가져가지 않는 것, 할아버지가 가실 때는 안녕히 가시라고 인사하는 것 등이 그렇다.

이렇게 아이는 자신을 억제하는 법을 조금씩 배우고, 나중에는 자신의 한계를 정할 수 있다. 이건 매우 중요하다. 아이가 어렸을 때 자기가 좋아하는 거라면 뭐든지 할 수 있는 권리를 갖게 된다면 나중에 규칙을 지키기가 무척 어려워질 것이다. 어린이집이라 할지라도 사회생활을 하는 데 어려움을 느낄 것이다. 지시하지 않고 달래는 방법은 우선 당장은 일을 더 쉽고 유쾌하게 만들지 모르나 장기적으로 볼 때는 아이에게 도움이 되지 않는다. 자신의 욕구를 제어하는 법을 배우지 않았기 때문에 욕구를 제어하지를 못하는 것이다.

게다가 아이에게 한계를 정해주면 아이는 자기가 부모와 맞먹는 관계라고 느끼지 않는다. 즉 세대 간의 차이를 존중하도록 배운 아이는 자기가 안전하다고 느끼는 것이다. 아이와 청소년은 자기 부모가 믿을 수 있는 어른이라고 느껴야 한다.

엄격함과 권위는 다르다

아이가 이해하기 시작하면 바로 지시나 금지의 이유를 설명해주어야 한다. 그러나 아이가 커간다는 핑계로 날마다 새로운 요구사항을 만들어내지는 말자. 아이는 결국 더 이상 복종하지 않을 것이다. 몇 가지 기본 원칙을 정하고 나머지에 대해서는 관대할 필요가 있다.

또 권위를 행사할 때는 아이의 성격과 상황을 고려해야 한다. 예를 들어 어떤 아이는 어려움 없이 잠을 자러 가다가 동생이 태어난 뒤로는 매일 밤 잠을 자러 갈 때만 되면 투정을 부린다. 엄하게 다스려야 하는 걸까? 우선은 아이가 엄마를 잃어버렸다고 생각하고 자기 곁에 최대한 오래 잡아두기 위해 애쓴다는 사실을 이해해야 한다. 야단치기보다는 이해시키고 안심시키는 것이 좋다.

어떤 부모들은 권위와 엄격함을 혼동하기도 한다. 권위란 짜증을 내거나 고함을 지르지 않는 단호함이며 결정의 확고부동이다. 권위는 뺨을 올려붙인다거나 목소리를 높인다고 해서 발휘되는 게 아니다. 감정이 드러나지 않을 때 아이는 권위를 더 잘 받아들인다.

아이에게 권위를 행사하는 게 항상 쉬운 일은 아니다. 아이가 하도록 그냥 내버려두고 싶은 유혹이 흔히 강하게 든다. 하지만 그건 아이를 위해서 좋은 게 아니다. 장애를 단 한 번도 만나지 못한 아이는 자신의 존재를 뚜렷이 드러내는 데 어려움을 느낀다. 어려움을 극복하는 법을 배우지 못한 아이는 최소한의 장애물조차도 피하려고만 한다. 권위를 행사할 줄 아는 부모는 아이에게 반대할 때도 있지만 믿을 수 있는 사람이다. 이것이 아이에게 중요하다.

응석받이 아이

부모들은 제한을 가하기 위해 있다. 본능적으로 아이는 한계라는 것을 모른다. 어른이 옆에서 말리지 않으면 초콜릿 한 통을 다 먹을 수도 있고, 매일 밤 부모의 침대에 갈 수도 있고, 계속해서 텔레비전을 켜놓을 수도 있다.

만 5세인 엘리는 외동이며 첫 번째 손자다. 부모와 조부모들은 이 아이를 애지중지하지만 적응하기 어려웠다. 아이가 너무나 심하게 화를 내곤 해서 부모들은 소아과의사와 상담을 했고, 어른들이 태도를 바꾸어야 한다는 걸 깨닫게 되었다. 그들은 아이에게 제한을 가하되, 다그치지는 않았다. 엘리는 모든 걸 계속해서 얻을 수는 없다는 사실을 조금씩 배우게 되었다. 또 엘리는 화를 내지 않는 것이 자기 자신을 엉망으로 만들고 피곤한 상태에 빠지는 것보다 더 유쾌하고 평온하다는 사실도 알게 되었다.

어른들의 금지와 충돌하지 않는 아이는 늘 불안해한다. 사람들은 이런 아이를 응석받이라고 부른다. 응석받이는 주변 사람들을 신경 쓰이게 만들지만 자신도 고통을 겪고 있으며, 안전과 한계를 찾고 있다.

그러나 이미 말한 것처럼 첫 해에는 응석받이 아이라고 말할 수 없다. 아기는 아직 적응단계에 있으며, 아기를 도와주기 위해서 어른은 아기의 요구에 호응해야 한다.

아이의 행동과 성격

간혹 부모들이 깜짝 놀랄 만큼 난폭한 행동을 하거나 유달리 내성적이고 말이 없는 아이들이 있다. 짜증이 많거나 거짓말이 심하다던가 하는 문제 행동을 보이는 경우도 있다. 이런 일이 나타나면 부모들은 우리 아이가 잘 자라고 있는지에 대해 고민을 할 수밖에 없다.

변화의 순간에 찾아오는 공격성

새로운 발달 단계를 거칠 때 아이는 공격성을 표출한다. 두 돌 경에 '싫어'라는 말은 아이의 분노와 투정의 중심에 있는 단어가 된다. 조금 더 지나면 아이는 발로 차면서 복종을 거부할 것이다. 이런 반응은 아이가 중요한 발달 단계를 거칠 때마다 나타난다. 아이의 저항과 분노, 거부는 자신을 표현하고자 애쓰는 일일 뿐이다. 즉 아이가 새로운 구속에 적응하고 습관들을 버리는 데 어려움을 느끼는 것이다. 그러나 그것은 조금씩 자신의 존재를 드러내는 한 인격의 활기와 생기를 표현하기도 한다. 위기가 지나가고 이 단계를 통과하여 평온이 다시 찾아오면 아이는 더 이상 맞서지 않고 균형을 되찾는다. 이런 의미에서 일시적인 공격성은 심리적으로 건강하다는 신호다.

지속적으로 나타나는 공격성

그러나 공격성이 지속되어 일상적인 것이 되면 그것은 진짜 감정적 불안을 표현한다. 지속적인 공격성은 부모들에게 위급함을 알리는 신호라고 할 수 있다. '우리 애는 정말 끔찍해'라고 결론 내리기 전에 아이가 고통스러워한다는 것을 이해하고 왜 그러는지 그 이유를 찾아야 한다. 원인은 여러 가지가 있을 수 있다. 아이가 지나친 엄격함에 반응하는 것일까? 무관심한 엄마나 너무 바쁜 아빠의 관심을 끌려는 것일까? 말다툼에 정신이 어지러워서 그러는 것일까? 질투를 하는 것일까? 제멋대로 행동하도록 내버려두는 바람에 지나친 규제를 하곤 했는데 그래서 그러는 것일까? 이런 공격성은 부모들이 하는 공격적 행동과의 동일시일까? 아니면 나이가 많은 형제들이나 같은 어린이집에 다니는 친구들의 모방일까? 주변에서 보는 모습의 반복일까?

어떤 기원을 가졌건 아이의 공격성은 고통의 신호이며 주변사람들도 고통스럽게 만든다. 아이는 무엇이 이런 폭력성을 야기하는지를 부모들이 이해하여 고통을 덜 수 있기를 바라는 것이니 부모는 그 원인을 찾아내려고 애써야 한다. 아이와 얘기를 나누어보고 원인을 찾아내지 못할 경우에는 소아과의사와 상담해야 한다.

변덕이 심한 아이

변덕에 대해 말할 수 있는 것은 두 돌에서 두 돌 반이 되었을 때다. 그 이전의 아기가 변덕을 부린다고 생각하는 것은 잘못된 것이다. 아기는 변덕을 부리지 않는다. 우는 것 말고는 자기 생각을 표현할 방법이 없다 보니, 자기를 돌봐주는 어른들이 자기를 이해하고 자신의 요구에 응하기를 원할 뿐이다. 어른이 아이의 요구를 들어준다고 해서 흔히 말하는 것처럼 아이에게 나쁜 습관을 들이는 건 아니다. 그 반대로 아이는 태어나고 나서 처음 몇 주일과 몇 개월이 흐르는 동안 타인과 자기 자신에 대한 신뢰감을 조금씩 쌓아나갈 수 있다.

걷기, 언어와 더불어 아이는 자율과 새로운 능력을 시험해볼 수 있는 수단들을 획득한다. 아이는 모든 것을 자신에게 귀착시키며, 누가 자신에게 저항하는 것을 원하지 않는다. 두 돌에서 두 돌 반 사이에 아이는 흔히 누가 자기에게 반대하거나 자신의 요구를 들어주지 않으면 변덕으로써 반응한다. 투정의 나이인 것이다.

아이가 투정을 부릴 때는 어떻게 해야 하나?

아이가 방금 투정부리기 시작했다면 관

심을 다른 데로 돌리는 것이 효과를 발휘할 수도 있다. 머릿속에 떠오르는 대로 말을 하되 효과가 발휘되도록 확신을 갖고 말한다. "아! 예쁜 참새 한 마리가 방금 창가에 내려앉았네! 정말 작다. 아마 자기 둥지를 찾나보다!" "저기 아줌마가 뛰어가는 것 좀 보렴. 어디를 저렇게 급히 가는 걸까?" 효과가 발휘되면 아이는 더 이상 투정을 부리지 않는다. 정말 눈으로 새와 아줌마를 찾는 것이다. "새가 날아갔어요. 둥지를 찾았나 봐요." "아줌마가 안 보여요. 저 집으로 들어갔나 봐요. 의사 선생님을 만나기로 했는데 늦었나 봐." 아이에게 사진이나 책, 또는 아이가 처음 보는 어떤 물체를 보라고 할 수도 있다. 중요한 것은 아이가 화를 잊어버리게 하는 것이다.

상황이 된다면 내기를 하는 것도 좋다. 예를 들어 아이가 옷 입혀주는 걸 원하지 않거나 스웨터를 안 입으려 한다면 이렇게 한다. "내 장담하는데, 괘종시계 바늘이 여기까지 오기 전에는 넌 준비가 안 되어 있을 거야." 흔한 방법이지만 꽤 효과가 있다.

심하게 투정을 부리는 경우

너무 심하게 투정을 부려서 말귀를 알아듣게 하는 게 불가능한 경우라면, 분노에 평온으로 대처하여 부드럽게 말하도록 애써야 한다. 목욕용 수건에 물을 묻혀 아이의 이마와 관자놀이를 닦아줄 수도 있다. 물론 아이가 처음에는 소리를 질러대기는 하겠지만, 그렇게 해주면 편안해할 것이다. 부모가 침착함을 유지하기 쉽지 않지만 그 침착함이 아이의 분노를 누그러뜨릴 것이다. 그리고 긴장이 풀리는 최소한의 신호만 보이면 부모가 아이를 위안하는 말과 부모의 부드러운 태도가 흥분이 진정되도록 도와줄 것이다.

아이는 가게나 길거리 등 공공장소에서 투정을 부리기도 하는데, 부모들로서는 난처한 일이다. 이럴 때는 위협을 하는 수밖에 달리 도리가 없다. "난 네가 지금 하는 행동이 맘에 들지 않아. 집에 가면 벌 줄 거야." 어떤 벌을 줄 것인지 얘기한다. "넌 진정이 되도록 잠시 동안 네 방에 가 있어야 해." 물론 신체적 가혹행위를 해서는 안 된다.

지속적으로 투정을 부리는 경우

아이가 툭하면 화를 내고, 투정이 더 심해지면서 자리를 잡는 것 같으면 왜 그러는지 이유를 생각해보아야 한다.

- 아이의 일상생활에 규칙성과 한계가 있는가?
- 잠을 충분히 자는가?
- 어린이집 생활이 아이를 너무 피곤하게 만들지 않는가?
- 부모가 아이에게 충분한 시간을 할애하지 않기 때문에 부모의 관심을 끌려고 그러는 게 아닌가?
- 부모가 지나치게 엄격하고 요구하는 게 많아서 그렇게 반응하는 것은 아닐까?
- 동생을 질투하는 것은 아닐까?
- 부모의 걱정이 지나치거나 과보호하는 건 아닐까?

이 문제에도 소아과의사나 심리학자 등 제3자의 조언이 도움이 될 것이다.

몸을 심하게 움직이는 아이

젖먹이들은 대부분 태어나고 처음 몇 주일 동안 몸을 심하게 움직이며 몸짓을 많이 하다가 조금씩 진정되면서 평정을 찾는다. 이들은 본능적으로 활동 시간과 휴식 시간을 번갈아 이어간다. 그 반면에 옷을 입히려고 하면 몸을 꿈틀거리고, 목욕물을 온통 사방에 튀기고, 끊임없이 자세를 바꾸는 아이들도 있다. 이런 아이들은 좀 더 크면 가장 먼저 기어오르고 몸을 일으키고 뭐든지 다 만져댄다.

'심하게 움직이는 아이'들은 특히 생후 18개월쯤에 불안정하고 극성맞다는 소리를 듣는다. 사실은 활기차고 생기에 넘치는 아이인데 말이다. 좀 지나치다 싶은 이런 활동에 대한 평가는 주변사람들의 인내심의 한계에 좌우된다. 어떤 부모들은 그걸 즐거워하고, 또 어떤 부모들은 참아내지만, 짓눌리다 못해 공격적인 반응을 보이는 부모들도 있다. 나중에 어린이집이나 초등학교에서도 마찬가지여서, 이런 아이들이 배척당했을 때는 훨씬 더 과도하게 활동적이고 소란스러운 아이가 된다. 주변사람들에게 어려움을 안겨주는 이런 아이들은 고통을 받고 있다. 이런 과도한 활동이 불안이나 감정적 안전의 결핍, 어린아이에게 부적합한 가정생활의 상황 및 리듬과 관련이 있는지, 아니면 치료를 필요로 하는 의학적 문제인지를 알아내기 위해 의사와 상담해야 한다. 부모의 스트레스로부터 멀어지면 더 이상 문제를 일으키지 않는 아이들도 있다. 예를 들어 손자를 위해 시간을 많이 할애할 수 있고, 집에 정원도 있고, 평소에는 잘 할 수 없었던 흥미롭고도 마음이 편해지는 놀이를 함께 할 수 있는, 온화한 성품의 할아버지 할머니 집에 가 있을 땐 문제를 일으키지 않는 것이다.

거짓말쟁이!

만 4~5세 때는 거짓말에 대해 말할 수가 없다. 앞에서 말한 것처럼 이때는 상상력의 나이이며, 아이가 만들어내는 세계와 현실의 경계가 모호하다. 아이는 상상하고 변화시키는 것일 뿐 거짓말을 하는 게 아니다. 자기 것이 아닌 물건을 집었더라도 역시 도둑질이 아니다.

거짓말을 한 것도 아니고 도둑질을 한 것도 아닌데 아이를 거짓말쟁이나 도둑놈으로 취급하고 벌을 주면 아이는 자기가 이해받지 못한다는 감정을 가질 수도 있고 자기 자신이나 어른에 대한 신뢰감이 부족해질 수도 있다. 장 피아제는 도덕적 감정이 만 5세에서 7세 사이에 처음으로 생겨난다고 주장하였다. 그렇다고 해서 이 나이가 아직 안 된 아이가 허용된 것과 금지된 것, 좋은 것과 나쁜 것에 관심을 가지도록 할 수 없다는 것은 아니다.

자신감

자신감은 아주 일찍부터, 즉 태어나고 몇 주일이 지나서부터 아기에게 뿌리를 내린다. 아기를 돌보는 사람들의 눈길과 목소리, 제스처 덕분에 아기는 부모들이 느끼는 즐거움과 경탄을 같이 느낀다. 아이는 자기가 존재하고, 타인에게 의미가 있으며, 주변사람들에게 중요하다는 지속적인 감정을 발달시킨다.

한두 달이 지나면서 아이의 발달과 발견이 주변사람들에 의해 가치를 인정받으면 아이는 자신감을 발달시킨다. 성숙해지고 자신의 존재를 뚜렷이 드러내며, 자신의 인격을 갖게 되는 것이다. 주변사람들이 자신감을 심어주지 않으면 감정과 관계가 약한 일부 아이들은 소심해지고 쉽게 낙담하며 성공하지 못할까봐 두려워한다.

그러나 아이를 격려하고 그의 장점에 더 높은 가치를 부여하는 것이 아이가 으스대는 걸로 이어져서는 안 된다. 아이에게 끊임없이, 지나칠 정도로 감탄하는 것은 자신감을 갖도록 도와주기는커녕 그 반대의 결과를 낳을 수도 있다. 가족 밖으로 나와 더 이상 그런 관심을 끌지 못하게 되면 아이는 왜 자기가 더 이상 이세계의 중심이 아닌지 이해하지 못한다. 아이는 욕구불만을 느끼고 집단에 동화하거나 친구를 만드는 데 어려움을 느낄 수도 있다.

아이들 간의 다툼

서로 의견이 안 맞는 건 너무나 자연스러운 일이다. 집단생활을 하는 아이들을 관찰해보면 서로 다투고 싸우는 것이 유혹

과 지배, 교환의 태도들만큼이나 정상적인 표현방식이라는 사실을 이해할 수 있다. 그러나 애정도, 나눔도, 연대도 없이, 다투는 것이 아이가 하는 유일한 행동이라면 관심을 갖고 소아과의사와, 경우에 따라서는 심리학자와 상담해야 한다.

다툼에 끼어들어야 할까? 흔히 아이들은 어른들의 관심을 끌고 부모를 독점하기 위해 다투기 때문에 부모가 없으면 갈등도 생기지 않는다. 부모는 우선 자기가 이 다툼에 관심이 없으며 아이들끼리 의견 차이를 해결해야 한다고 말할 수 있다. 그러나 때로 아이들은 그렇게 하는 데 성공하지 못하고 공격성을 제어하지 못할 때도 있다. 어른은 몇 가지를 조심하면서 아이들의 다툼에 개입할 수 있다.

아이들의 싸움에 개입할 때

- 아이들이 다툴 때의 말투를 흉내 내지 않는다. 그러다가 아이들이 더 흥분할 수도 있다.

- 아이들 각자의 입장을 이해하도록 노력하고, 아이들이 자기가 원하는 걸 말로 표현할 수 있도록 도와준다.

- 나이가 더 많은 아이에게 모든 책임을 돌리는 걸 피하되, 형이나 누나처럼 하

고 싶어 하는 동생의 질투심도 고려해
야한다.

● 아이의 나이를 고려해야 한다. 아이가
자기 물건을 양보하기 싫어할 때가 있
다. 그럴 경우에는 대신 다른 물건을 줄
수도 있다.

욕구불만

부모들은 이따금 자기 아이들이 욕구불
만에 차 있다는 두려움 속에서 살기도 한
다. 아이가 애정결핍으로 욕구불만을 느
낀다는 건 심각한 문제다. 그러나 우유를
늦게 주거나, 장난감이 깨졌거나, 다투거
나, 편파적인 것들은 당장은 아이를 힘들
게 할 수도 있겠지만 먼 장래로 보면 전
혀 중요하지 않다. 그 반대로 아이는 모
든 게 다 쉽지는 않다는 사실을 서서히
알아야 될 필요가 있다. 이처럼 필요한
욕구불만은 어린아이로 하여금 자율과
기다리는 것, 자신의 욕구불만이 충족될
순간을 예측하는 능력을 배울 수 있게 해
준다. 아이는 감정적 안전 속에서 발달하
고, 그 덕분에 기대하던 순간은 예측 가
능해진다.

14개월 된 클로에는 똑바로 서 있기도
하고 자신의 베이비서클을 돌아다니기
도 하지만 이 안전 공간 밖으로 나오면
꼭 태어난 지 9개월 되었을 때처럼 엉금
엉금 기어 다닌다. 불안해진 클로에 엄
마는 심리학자와 상담하였다. 사실 그
녀는 딸이 단 한 번도 욕구불만을 느끼
게 내버려두지 않고 딸의 모든 요구를
들어주었다. 엄마는 심리학자의 권유에
따라 딸을 '놓아주고' 멀찌감치 떨어져
있기로 했다. 클로에가 자신감을 갖고
다른 아이들에게 가도록 하기 위한 것
이었다. 몇 차례 의심을 하다못해 슬퍼
하기까지 했지만 결국 클로에는 정상적
으로 성장하여 지체를 만회하게 될 것
이다.

J'ÉLÈVE
MON ENFANT
Laurence PERNOUD

내 아이
건강하게 키우기

이 장에서는 아이의 건강을 다룬다. 처음에 신생아를 소개하고 아이가 아무 이상이 없는지 확인하는 의사의 의료행위에 대해 설명할 것이다. 그 다음에는 성장의 지표들에 대해 설명할 것이니 정기 검진 때 아이를 보고 시각과 청각을 검사하며 예방주사를 맞힐 의사와 함께 직접 확인해볼 수 있을 것이다. 아이는 아무리 건강해도 이따금 아프다. 아이가 건강한지 건강하지 않은지 어떻게 알 수 있는지, 언제 의사를 만나야 할지, 아이가 열이 나면 어떻게 해야 할지 등에 대해 알아보자.

신생아 돌보기

아기가 이제 막 태어났다. 의사가 여러 가지 의료행위를 하는 것을 보면 아마도 그 의료행위들에 대해 설명을 듣고 싶을 것이다. 그러나 그 전에 함께 신생아를 보러 가서 자세히 살펴볼 것을 권유한다. 신생아는 축소된 어린이가 아니다. 크기뿐만 아니라 비율과 인체기관, 외부세계에 반응하는 방식도 전혀 다른 별개의 존재인 것이다.

신생아의 외모 특징

머리

우선 머리부터 시작해보자. 어른의 머리와 비교해보면 신생아의 머리는 몸에 비해 훨씬 더 크다. 나중에 갖출 비율의 거의 2배나 되는 것이다. 그렇지만 이 머리는 비율로 볼 때 엄청나게 줄어든 것이다. 엄마 뱃속에 있던 미래의 아기는 임신 2개월째에 몸통만한 머리를 가지고 있었다. 그러고 나서 몸이 서서히 커졌다. 이런 몸과 머리의 비율은 어른이 될 때까지 계속해서 달라진다. 신생아는 여러 면에서 아이보다는 태아에 더 가깝다. 쭈글쭈글하고 붉은 피부, 뒤로 젖혀진 짧은 아래턱, 작은 목, 좁은 어깨, 불룩한 배, 몸통을 따라 구부려진 짧은 팔다리, 부드러운 뼈는 자궁 내 생활의 추억인 것이다.

머리카락

일부 신생아들은 태아 때의 검고 숱이 많은 머리칼을 간직하기도 하지만 이 머리칼은 그 뒤에 없어진다. 생후 2~3개월쯤에 한꺼번에 다 빠질 수도 있다.

피부

신생아들은 피부에 붉은 반점들이 있는데, 만지면 빛깔이 연해진다. 이 반점들 역시 사라질 것이다.

손톱

신생아들은 대부분 손톱이 길다. 신생아의 손톱은 너무 일찍 자르면 안 되지만 아기가 손톱으로 자기 몸을 할퀴면 다듬어주어야 한다. 발톱은 변형되므로 4개월이 될 때까지 자르지 않는 것이 좋다. 더 단단해져서 살 속으로 파고드는 경향이 있기 때문이다.

가슴

여자아이건 남자아이건 몇몇 신생아들의 부풀어 오른 가슴은 더욱 놀랍다. 이 가슴에서는 옛날에 유모들이 '마녀의 젖'이라고 불렀던 젖이 몇 방울 나올 수 있다. 이런 현상은 출산에 따르는 호르몬 이상에서 기인하는 것으로서, 일시적이므로 치료를 받을 필요가 없다.

뽀루지와 질 유출

신생아의 이마와 콧망울에 튀어나온 작은 노란색 뽀루지와 일부 여자 신생아가 질로 붉은 빛을 띠는 점액을 보이는 것 역시 생식기 발작이라고 부르는 호르몬 이상에서 기인한다. 뽀루지도, 질 유출도 불안하게 생각할 필요 없다.

음낭

신생아를 보고 놀라는 마지막 하나는 수종이다. 남자아이의 음낭에 액체가 축적되어 아이가 큰 고환을 가진 것처럼 보인다. 이 수종은 몇 주일이 지나면 대부분 저절로 없어진다.

대변

아기가 첫 번째 음식을 먹기 전에 첫 대변이 나온다. 아기가 태아로 살 때 생긴 분비찌꺼기 60~200g이 소화관에 포함되어 있기 때문이다. 이것은 태변이라고 불리는 거무스름하고 끈적끈적한 회색 물질이다. 3, 4일이 지나면 태변은 젖의 똥으로 바뀌면서 사라진다. 대변은 어떤 젖을 먹었느냐에 따라 노르스름한 색이나 황금색을 띤다.

면역

원칙적으로 아기는 태어나면서 엄마가 앓았거나 예방주사를 맞았던 몇 가지 병으로부터 예방된다. 엄마가 항체를 전해준 것이다. 엄마의 항체는 6개월 때까지 아기의 몸 속에 남아있을 수 있다. 그러나 예방은 엄마의 항체 수가 많을 때만 효과적이다. 항체가 충분하지 않으면 1, 2개월 된 아기도 수두나 다른 바이러스성 질병에 감염될 수 있다. 항체 예방은 반드시 보장되지 않으므로 병을 옮기는 아이와 접촉하지 않는 것이 좋다.

탯줄

탯줄은 5일에서 15일 사이에 말라서 떨어지고, 자궁 생활의 마지막 기억도 사라질 것이다. 태어나고 나서 하루 이틀이 지나면 아기는 훨씬 더 예뻐진다. 몸을 덮은 잔털은 1주일이 지날 때쯤 사라진다. 자주색 반점이 사라지고 피부를 더럽히던 피부 조각들도 제거된다.

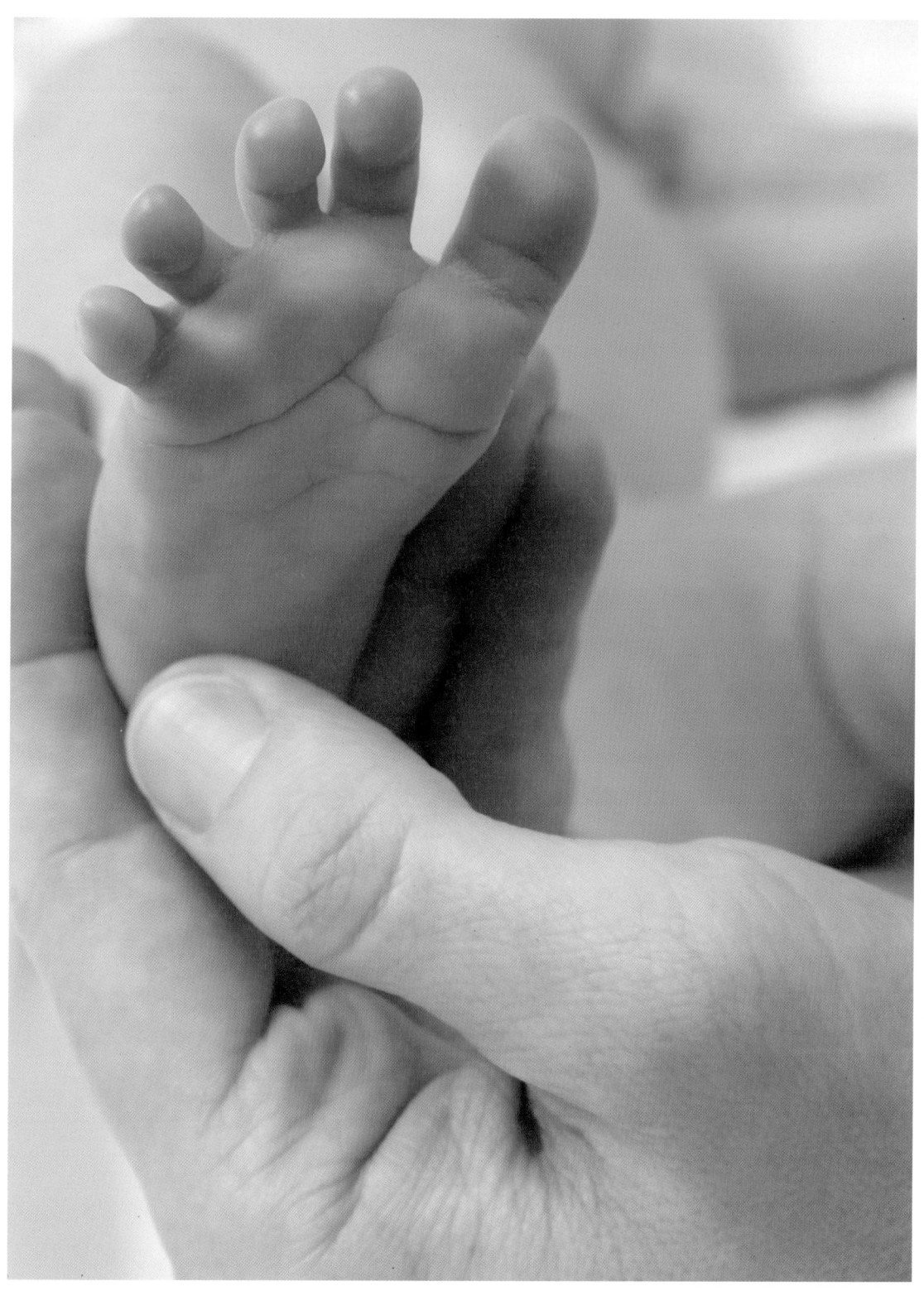

아프가 테스트

아이가 태어나면 아무 문제가 없는지 알기 위해 아프가 테스트를 하는데, 태어난 지 1~5분 되는 아기의 활력을 객관적으로 평가할 수 있는 방법이다. 검사는 심장의 규칙적인 박동과 호흡, 피부색, 근육의 힘, 신경반사 등 다섯 가지 항목으로 이루어진다. 각각 0~2점이며, 총점 8~10점을 얻으면 출생 시에 건강이 좋다는 것을 의미한다. 이 검사는 그것을 개발한 미국의 소아과의사 버지니아 아프가의 이름을 땄다.

태어나고 나서 처음 검사를 할 때 의사는 반드시 몇 가지를 확인한다. 코와 식도, 항문의 투과성을 확인하고, 허리를 검사하며, 출혈을 예방하기 위해 비타민K를 먹이고, 눈이 감염되는 것을 예방하기 위해 안약을 넣는다.

시원적 반사작용

그러고 나면 의사는 시원적이라고 불리는 반사작용을 확인한다. 이 반사작용은 신생아에게 나타나야 하며, 없으면 비정상적인 것으로 신경계가 전반적으로 쇠약한 상태에 있다는 것을 증명한다.

반대로 이 신경계의 발육이 이루어짐에 따라 이 시원적 반사작용은 일정한 순서에 따라 사라져야 한다. 일정한 나이가 넘도록 그것이 계속 남아 있는 것은 비정상이며, 운동 발달이 방해받고 있는 것일 수도 있다.

반사작용

- **자동 걷기** : 아이의 몸을 약간 앞으로 기울인 채 세우면 알 수 있다. 이 반사작용은 대체로 생후 3개월 전에 사라진다.

- **움켜잡기 반사** : 손바닥이나 발등을 가볍게 누르면 손가락이나 발가락이 구부려진다. 이 반사작용은 더 오래 지속된다. 손은 6개월까지, 발은 10개월까지 지속된다.

- **빨기 반사** : 입술을 만지면 알 수 있다. 방향 반사도 알 수 있다. 신생아는 자극받은 쪽으로 입을 돌리는 것이다. 이 반사작용들은 생후 4개월쯤에 사라진다.

아이의 건강 상태 확인하기

평소에 아이를 잘 관찰해야 한다. 피부 발진 같은 증상은 검진 때 사라질 수도 있어서 부모가 기록해놓은 증상들은 의사에게 유용하게 쓰일 것이다. 한편으로 부모는 자기 아이를 잘 알므로 아이의 안색과 기분, 행동에서 일어난 변화에 주목할 수 있다.

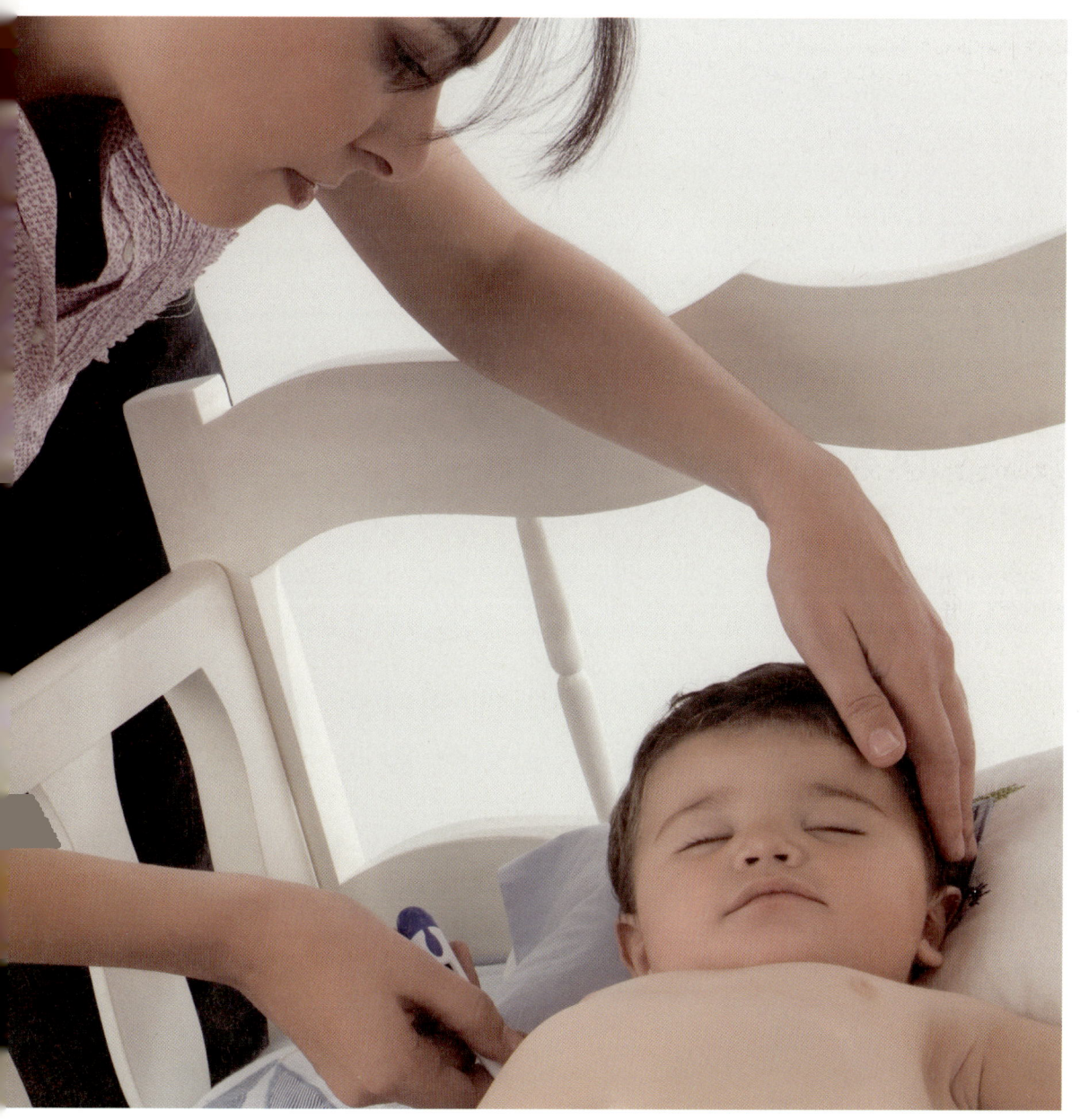

건강이 좋을 때와 나쁠 때의 특징들

다음의 특징들은 효과적으로 아이를 관찰하도록 해주는데, 이 특징들이 나타나면 아이의 건강이 좋다고 인정할 수 있다.

건강이 좋을 때의 특징
- 아이의 체중과 신장 곡선이 평균곡선과 일치한다.
- 아이의 안색이 좋고 눈에 생기가 넘친다. 아이에게 입을 맞출 때 아이의 뺨이 단단하고 생기 있게 느껴진다.
- 기분이 좋아 보이고, 활기에 차 있으며, 노는 것을 좋아하고, 주변의 것에 관심을 가진다.
- 식욕이 왕성하고, 대변이 정상적이며, 잠을 잘 잔다.

건강이 좋지 않을 때의 특징
- 체중이 줄어드는데, 신생아는 특히 조심해야 한다.
- 안색이 창백하고 눈가가 거무스레하다.
- 활기가 없고, 낮에 꾸벅꾸벅 졸면서 손가락을 빤다. 자기 주변에서 일어나는 일에 관심이 없으며, 놀고 싶어 하지 않는다.
- 반대로 늘 불안해하고, 신경질적이며, 아무 것도 아닌 것에 변덕을 부린다.
- 잠을 잘 못 잔다.
- 식욕이 없고, 먹을 것을 거부하며, 아니면 그 반대로 비정상적일 만큼 많이 먹는다.

언제 의사의 진찰을 받아야 할까

부모들은 이런 증상에는 의사의 진찰을 받고, 또 저런 증상에는 필요 없다고 누가 말을 해주었으면 할 것이다. 하지만 그건 불가능하다. 아이의 증상은 해석하기가 어렵고 금방 바뀌기 때문에 전체적인 맥락에서 고려해야 하고, 그렇기 때문에 의학적 검진이 필요하다. 그래서 의사는 부모들이 쓸모없어 보이는 질문을 해서 귀찮게 한다고 비난하지 않는 것이다.

증상의 심각성을 평가한다는 것은 부모들로서는 항상 어려운 일이며, 아직 나이가 어린 부모들은 더더욱 그렇다. 아주 사소한 증상이라도 언제 어느 때나 의사에게 진찰을 받을 수 있는 게 아니라면 너무 지체하지 않는 것이 나을 수 있다. 감기에서 기관지염까지의, 또는 설사에서 탈수까지의 경과시간은 젖먹이의 경우에는 짧을 수도 있으며, 신생아는 특히 짧다.

아이가 어릴수록, 열이나 기침, 구토, 설사가 되풀이될 경우뿐만 아니라 이유 없이 운다거나 마시기를 거부할 때는 더 빨리 의사가 진찰을 해야 한다. 아이가 태어난 지 3개월이 안 되었거나 조산아의 경우에는 더욱 주의해야만 한다.

조금 큰 아이의 경우에는 그 반대로 전반적 상태가 변화하는 것을 보아가며 의사의 검진을 받아야 하는지, 얼마나 빨리 받아야 하는지를 결정하는 것이 좋다. 특히 체온이 올라가는 것만으로는 심각한 증상이 아니다. 반대로 복통발작은 의사만이 해결할 수 있는 문제를 일으킨다.

아이가 아플 때 해야 할 일들

열이 높거나 땀을 흘린다면 어떻게 해야 할까? 감기에 걸렸을 때 어떻게 보살펴야 하는 걸까?
어릴 때는 원래 잔병치레가 잦기 때문에 지나치게 예민할 필요는 없지만, 기본적인 대처 방법은
알아둬야 한다.

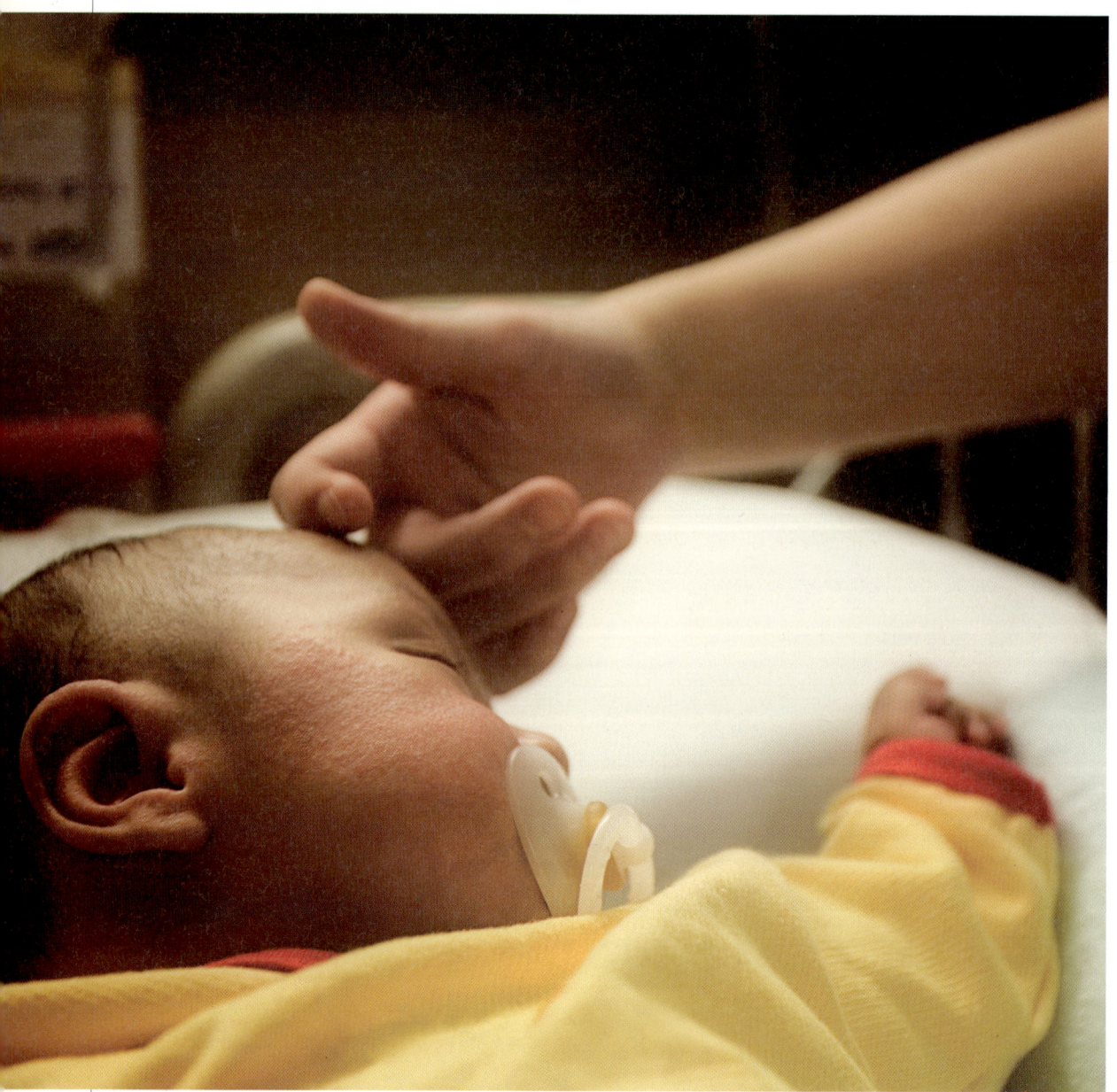

병에 걸렸을 때 보살피기

일단 방을 환기시키는 것이 좋다. 그 동안 아이는 다른 방에 데려다놓고 너무 추워하지 않도록 한다. 방이 덥혀지면 아이를 다시 눕힌다.

목욕을 시켜주면 도움이 될 것이다. 다만 목욕물 온도를 아이가 편안해 할 정도로 조절하고 욕실 온도도 약 22℃ 정도로 적당한 수준이 되도록 유의한다.

가능하면 요나 이불을 자주 갈아주는 것이 좋다. 열이 많을 때는 새로 빤 요와 이불을 덮는 게 좋다.

아이의 생체리듬에 신경을 쓴다. 어떤 아이들은 아플 때 잠을 많이 자려고 하는데 이런 욕구를 존중해주어야 한다. 함께 있어주고 같이 놀아주는 것을 원하는 아이들도 있다. 시간을 내어 아이의 욕구를 충족시켜 준다.

부모가 불안하다면 어린 아기라도 주저하지 말고 감정을 표현하자. "난 너 때문에 불안하구나. 하지만 넌 치료되고 더 나아질 거야." 아이들은 어른이 뭔가를 자신에게 숨기고 있다는 걸 금방 알아차리고 불안해한다.

아이를 계속 눕혀두어야 할까

아이는 피곤하고 쇠약하면 누워있지 말라고 해도 자기가 알아서 누워있는 법이다. 거부하면 굳이 억지로 강요할 필요는 없다. 아이가 일어나서 집 안을 돌아다니도록 내버려둔다. 아이에게 옷을 입혀주고 편안하게 놀도록 내버려두는 것이 좋다. 그렇지만 아이가 혼자 놀거나 어른하고만 놀도록 하는 게 좋다. 전염의 문제도 있지만 흥분하면 아이가 금방 피곤해지기 때문이다.

아픈 아이의 식이요법

아픈 아이에게 무엇을 먹여야 할까? 아이가 원하는 것을 합리적인 한도 내에서 먹이면 된다. 고기나 아이스크림을 원하면 그걸 거부할 이유가 없다는 것이다. 그 반대로 아이가 아무 것도 먹고 싶어 하지 않으면 억지로 권하지 않는다.

아이가 전혀 아무 것도 먹고 싶지 않아 한다면 뭘 먹여야 할까? 젖먹이가 설사만 하지 않는다면 평소대로 먹여도 된다. 그러나 억지로 권하지는 않는다. 설사가 심하지 않을 때는 평소처럼 먹이면 된다. 그러나 설사가 심할 경우에는 서둘러 의사의 진찰을 받아야 한다. 나이가 어린 아이에게는 죽과 채소, 사과졸임, 으깨서 살짝 익힌 바나나 등을 먹이면 잘 먹는다. 하지만 다시 한 번 말하건대 억지로 먹일 필요는 없다.

반대로 아이가 열이 높으면 가능한 물을 많이 마시도록 해야 하며, 밤에 아이가 깨어났을 때도 마실 걸 주어야 한다. 열은 탈수를 시키는데 작은 인체기관에는 물이 많이 저장되어 있지 않다. 무엇을 마시게 해야 할까? 물과 과일주스, 레모네이드, 차 등 아이가 좋아하는 것을 주면 된다. 뜨거운 물을 마시도록 해야 할까? 그럴 필요는 없다. 아이는 틀림없이 차갑게 마시는 걸 더 좋아할 것이며, 특히 토할 때는 차가운 것이 낫다.

체온은 어떻게 잴까

아이가 젖먹이일 경우에는 등을 대고 눕힌 다음 한 손으로 두 다리를 들어 올리고 체온계를 항문에 삽입한다. 체온계의 회색 부분이 거의 전부 항문 속으로 삽입되어야 한다. 체온계가 완전히 삽입되었으면 아이를 혼자 내버려두지 말고 체온계를 잡고 있어야 한다. 아이가 좀 더 자라면 그냥 배를 깔고 엎드리게 한 다음 다음 체온계를 삽입한다.

체온계는 입 속에 집어넣거나 겨드랑이에 끼어서 체온을 잴 수도 있는데, 결과를 알려면 조금 더 오래 기다려야 한다. 또 0.5도를 더해야 항문에서 잰 체온과 똑같아진다.

열이 오를 때는 어떻게 해야 하나?

부모들은 아이가 열이 나면 중병의 증상이 아닐까 하여 불안해한다. 무슨 수를 써서라도 열이 내리게 해야 할까? 열이 높으면 경련을 일으키는 것이 아닐까?

이런 두려움은 충분히 이해할만하다. 열은 전염병의 첫 번째 증상일 수도 있기 때문이다. 그러나 모든 열이 위중한 건 아니다. 그러므로 체온이 올라간다고 해서 당황할 필요는 없다. 게다가 열은 인체기관이 감염에 반응하여 맞서는 방법이다. 그러니 그 열과 맞붙어 싸우는 것은 논리적이지 않다. 반대로 열은 존중되어야 하는 것이다. 어떤 아이들이 열이 최고로 올랐을 때 일으키는 경련은 대부분 짧게 이어진다. 거의 대부분은 5세 이후에 사라지고, 아이의 발달에 영향을 미치지도 않는다. 게다가 최근의 일부 연구는 열이 올랐을 때 일으키는 경련은 체온 상승과 직접적인 관련이 없다는 사실을 보여준다.

이 모든 것은 아이의 열을 대하는 태도가 달라졌음을 보여준다. 전과는 달리 무슨 일이 있어도 열을 내리게 하거나 체계적으로 치료를 하는 것이 첫 번째 목표가 아니다. 지금은 아이의 편안함이 가장 중요한 목표다. 즉 열의 원인을 찾는 동시에 그것이 일으킬 수도 있는 불편함에 대해서도 관심을 갖는 것이다. 아이가 머리나 배, 관절이 아프면 진통제를 복용시킬 수도 있다.

집에서 할 수 있는 간단한 치료

- **콧물** : 감기나 비인두염에 걸리면 코 분비물이 많아져서 코를 풀 줄 모르는 젖먹이를 갑갑하게 만든다. 대부분의 의사들은 생리식염수나 해수 등 장액으로 코를 씻어줄 것을 권장한다. 그런 다음 분비물을 빨아들인다.

- **피부 감염과 상처** : 아이가 찰과상을 입었을 때 가장 먼저 할 일은 상처를 씻는 것이다. 물과 비누로 씻는다. 살 속에 더러운 흙이나 가시 등을 남겨서는 안 된다. 상처를 잘 헹군 다음 알코올이 함유되지 않은 소독약으로 소독한다.

- **붕대** : 대부분의 경우에는 약국에서 파는 반창고로 충분하다. 그러나 반창고가 더럽혀지면 매일, 또는 더 자주 갈아주어야 한다. 상처에서 피가 나면 거즈 붕대를 사용하는 것이 낫다. 피가 순환해야 하므로 너무 꽉 붙이지 말고 탈지면은 피하는 게 좋다.

KI신서 3585

세상에서 가장 많은 부모들이 보는
육아

1판 1쇄 발행 2011년 10월 6일
1판 2쇄 발행 2012년 2월 22일

지은이 로랑스 페르누 **옮긴이** 이재형
펴낸이 김영곤 **펴낸곳** (주)북이십일 21세기북스
부사장 임병주 **PB사업부문장** 정성진
기획편집 김선미 **해외기획** 김준수 조민정 **디자인** 디자인밥
마케팅영업본부장 최창규 **마케팅** 김현섭 김현유 강서영 **영업** 이경희 정병철
출판등록 2000년 5월 6일 제10-1965호
주소 (우 413-756) 경기도 파주시 문발동 파주출판단지 518-3
대표전화 031-955-2100 **팩스** 031-955-2151 **이메일** book21@book21.co.kr
홈페이지 www.book21.com **트위터** @21cbook **블로그** b.book21.com

값 18,000원
ISBN 978-89-509-3341-8 13590